DK香草圣经

Neal's Yard Remedies

（英）苏珊·柯蒂斯　路易斯·格林　佩内洛普·欧迪　德勒冈娜·韦林尼克 ◎ 著

张琳 ◎ 译

长江出版传媒 湖北科学技术出版社

目 录

引言

100种香草

香草的使用

由内治愈

从外治愈

获取香草

作者

苏珊·柯蒂斯

　　苏珊是一名顺势疗法和自然疗法医师，并是Neal's Yard Remedies*的自然健康主管，著有《精油》《女性自然疗法》等书，致力于帮助人们养成自然和健康的生活方式。

路易斯·格林

　　有机生活及生态居住方式的支持者，在NYR有超过15年的工作经历，担任过从采购部门到产品部门的各个职位。

佩内洛普·欧迪

　　有12年香草咨询顾问从业经验的药剂师。著有超过20本关于西医草药和中医草药的书，并在汉普郡经营一个研究香草功效和使用方法的工作室。

德勒冈娜·韦林尼克

　　著名草药医师，以深厚的专业知识而广受尊敬，对功效香草的热爱让她蜚声世界，引领她在西医草药和中医草药的领域里畅游。

* 英国著名有机护肤品牌，简称NYR。

引言

在过去的几十年里，根据世界卫生组织统计，香草制剂是世界上使用范围最广的药物，越来越多的人开始意识到使用天然香草制剂的好处。

只要使用得当，香草可以满足我们生活中的很大一部分需求。正确地使用香草制剂是一种安全有效的家庭帮助形式，如果我们能够在早期用香草制剂及时辅助治疗感冒、流感及轻伤，就可以防止病情进一步发展，避免服用具有副作用的化学药物。

学习哪些香草能够为我们所用，可让我们更加了解周围的植物，并对我们的健康有所帮助。然而，有些香草并不适合所有人或者某些阶段（例如妊娠期）使用，如果在使用上有疑问的话，一定要及时寻求专业指导。

我们非常高兴能够有机会向大家介绍许多不寻常的植物和香料，与大家分享用香草来呵护、滋养肌肤的方法，让大家可以有更多"冒险"尝试的机会，相信会对大家的身体和精神状态有所裨益。享受自己动手制作和使用专属于你的香草制剂的过程吧！

苏珊·柯蒂斯　自然疗法医师

来自专业顾问的提示

本书中介绍的许多香草既是美味的食物，又是对身体有益的药物，书中的食谱也为组合健康食材提供了新的思路。尽管香草制剂的功效或许还未被现代科学研究证实，但大部分都经过了时间的长久检验。我希望这本书可以帮助读者对香草制剂有进一步的了解，并能够及时利用香草制剂辅助治疗轻微疾病。

梅林·威尔考克斯　皇家普通开业医师学会会员

100种香草

这里介绍了100种对健康有帮助的功效香草，帮助你了解如何使用不同的香草来自行治疗常见的病痛，以及如何种植、搜寻和采收香草。

西洋蓍草

　　源于欧洲和西亚的西洋蓍草在治愈伤口方面有着很长的使用历史，在德国和一些北欧国家也曾用其替代啤酒花来酿酒。如今，西洋蓍草的止血和消炎功效已被广泛认可，并用来治疗感冒和泌尿系统失调。西洋蓍草广泛生长于北美洲，以及新西兰和澳大利亚。

花
麝香味，略带粉色的白花会从初夏一直开放到深秋。

叶
羽毛状的叶片过去常用来制作凝血膏药，用于战争中的伤口处理和大出血。

茎
整株植物都会散发出浓郁的香气，夏季可以采收粗糙的茎和叶片。

1m

生长习性
铺地型耐寒多年生植物，冠幅5~20cm。

应用部位　叶片、花朵、精油。

主要成分　挥发油、异戊酸、天冬酰胺、水杨酸、甾醇、类黄酮。

作用　止血、发汗、扩张末梢血管、促进消化、调节经期、退烧。

精油：抗炎、抗过敏。

如何使用

浸液　每日3次，每次饮用1杯标准浸液，可促进排汗及退烧；与接骨木花和薄荷混合有助于治愈普通感冒。

酊剂　每日3次，每次服用1~2ml酊剂，通常与茅草或布枯等香草混合，有助于治疗泌尿系统问题。

新鲜叶片　流鼻血时，将1片叶片塞入鼻孔中可迅速止血。

药膏　可用于小伤口和擦伤。

按摩油　在25ml的贯叶连翘浸泡油中加入10滴西洋蓍草精油，可缓解关节肿胀或发炎。

蒸汽吸入　在沸水中放入1勺新鲜的花朵，可用来缓解高烧症状，至少吸入2~3分钟。

如何获得

种植　推荐在排水良好的全日照环境中种植，但实际上要求并不严格。记得要在春季播种。西洋蓍草是一种根系有侵略性的香草，可以在春季或秋季通过分株法来繁殖。

搜寻　通常能在牧草地、灌木丛中发现它们的踪迹。

采收　可以在夏季收集叶片和地上部分，也可在花朵出现时摘取。

注意　在很罕见的情况下，西洋蓍草可能会导致皮疹。长期使用会增加皮肤的光敏性。妊娠期避免接触。精油类只能在专业指导下才可以内服。

黑升麻

　　原生于加拿大和美国东部地区的黑升麻是著名的印第安草药。它广泛应用于治疗妇科疾病、蛇咬伤、高烧和风湿，并在19世纪传入欧洲。因有造成肝损伤的案例而在一些国家被限制使用。

花蕾
夏末会开出有香味的蓬松白色花朵，长得很像瓶刷。

叶
造型优美的叶片完全伸展开时可长达90cm，给花园增添特别的吸引力。

生长习性
笔直成丛的多年生植物，冠幅60cm。

2m

应用部位　根。

主要成分　肉桂酸衍生物、色酮、异黄酮、单宁、三萜皂苷、水杨酸。

作用　抗痉挛、抗关节炎、抗风湿、轻度止痛、舒缓神经、舒张血管、调整月经、利尿、镇静、止咳、治疗低血压和低血糖。

如何使用

酊剂　每日3次，在少量水中滴入20~40滴酊剂后饮用可缓解痛经。与等量的益母草酊剂混合，每日饮用3次可缓解潮热、盗汗和更年期情绪低落。每日3次，在缬草酊剂中滴入20滴黑升麻酊剂可辅助治疗高血压。

汤剂　将15g根与900ml的水一起熬煮15分钟，每日饮用2次可缓解风湿痛、腰痛、面部神经痛、坐骨神经痛或肌腱炎。

药片胶囊　治疗月经不调或风湿病，遵医嘱服用，每日最好不要超过40~80mg。

糖浆　将300ml的汤剂和225g的糖或蜂蜜一起煮沸，小火熬煮5~10分钟即可。每2~3小时服用5ml可以缓解百日咳和支气管炎。

如何获得

种植　推荐在半日照环境中种植，以湿润、肥沃的土壤为宜。在育苗穴中播种成熟的种子，幼苗萌发后移栽至直径7cm的花盆中，在春末定植。

搜寻　在北美和欧洲一些地区的林区中可找到其踪影。

采收　在秋季挖掘成熟的根系。

注意　使用时不要超过推荐剂量。在极罕见的情况下可能导致肝脏问题，如果曾有肝脏问题则不要使用黑升麻。如果存在疑问，请遵医嘱。妊娠期避免使用。

藿香

　　藿香也被西方人称为韩国薄荷，原生于东亚，包括中国、日本和印度部分地区。在中国，藿香已经有超过1500年的使用历史，是一味传统草药，广泛应用于治疗恶心、呕吐和食欲不振。

应用部位　地上部分、精油。

主要成分　挥发油（包括甲基胡椒酚、茴香脑、茴香醛、柠檬烯、蒎烯、芳樟醇）。

作用　抗细菌、抗真菌、退热、发汗。

如何使用

浸液　每日1~2次，每次饮用1杯用地上部分制成的标准浸液，可缓解腹胀和消化不良。

洗液/药膏　用1杯浸液冲洗身体长癣部位，或将浸液制成药膏，每日涂抹2~3次。将10滴藿香精油和15ml杏仁油混合使用，也可达到同样效果。

酊剂　将10~40滴酊剂与少量水混合服用可缓解恶心症状。

汤剂　传统中药里，藿香常和黄芩、连翘一起煎制，用于治疗急性腹泻。

专利偏方　应用于中药专利配方中，如可用来清除浊气的藿香正气散。服用时遵药物说明。

如何获得

种植　推荐在全日照环境中种植，以排水良好、疏松、肥沃的土壤为宜。可以在直径7cm的花盆中播种，当幼苗长至可以徒手拿捏时定植。

搜寻　人工培育情况下可以自播繁殖，但在野外环境中比较难找到。在生长季节可以收集叶片，用于任何需要薄荷的食谱中，也可以用来泡制提神的草本茶。

采收　在夏季开花前采收地上部分。

注意　在中医里它不能用于发热症状。妊娠期避免使用。

花
夏季会开出引人注目的紫色或玫瑰紫色花朵，非常受蜜蜂的喜爱，也受到花艺师的青睐。

叶
锯齿状的心形叶片有着辣薄荷和甘草的混合香气，可用来给肉菜和酱汁增加风味。

1.2m

生长习性
耐寒的多年生植物，冠幅60cm，有着长长的（最长可达10cm）紫色花朵。

欧洲龙芽草

　　广泛生长于欧洲、西亚和北非的欧洲龙芽草从古代就一直被作为药草来使用。最初用于治疗眼疾、腹泻或痢疾，之后成为了战场上必备的修复创伤草药。如今多用它来解决泌尿问题和消化不良。中药里的仙鹤草是其近属，也有类似的功能。

花
黄色的花朵会在秋季结出坚硬多刺的果实。

夏季很容易在潮湿的灌木篱墙和小水沟旁看到它们引人注目的黄色花序。

叶
密被细绒毛的叶片和花朵有助于治疗消化或泌尿问题，也是一种修复创伤草药。

60cm

生长习性
长有多毛直立茎的多年生植物，冠幅20~30cm。

应用部位　地上部分。
主要成分　单宁、香豆素、挥发油、类黄酮、矿物质（包括二氧化硅）、维生素B和维生素K。
作用　利尿、止血、利胆，有一定的抗病毒作用。

如何使用

浸液　每日3次，每次饮用1杯标准浸液可促进消化。对儿童腹泻非常有效（用量遵医嘱），婴儿也可使用。
洗液/药膏　可用1份标准浸液来清洗割伤、擦伤、溃疡的皮肤部位。每日可多次使用。
漱口水　将1杯标准浸液用作漱口水，可缓解嗓音嘶哑、喉咙痛和咽炎。
酊剂　每日3次服用1~4ml，可缓解膀胱炎、尿路感染或急性尿失禁。对于严重或慢性泌尿症状，需要寻求药物治疗，防止潜在的肾脏损伤风险。

如何获得

种植　推荐在半日照或全日照环境中种植，以潮湿、肥沃的土壤为宜。秋播或春播于育苗穴中，当幼苗长至可以徒手拿捏时定植。
搜寻　通常可以在荒地或潮湿的灌木丛中找到，欧洲龙芽草长着高耸鲜艳的黄色花序，因此很容易被发现。在夏季可以采收所有地上部分。
采收　在夏季开花时采收。

注意　便秘时尽量避免使用这种具有止血功效的香草。

斗篷草

斗篷草顾名思义，其叶片就像女子的斗篷。斗篷草原生于北欧及往南山区，在妇科方面有着很长的使用历史，多用来治疗经期紊乱、经量过多，并能帮助分娩。近年来因为花艺师的青睐，斗篷草成为了受欢迎的花园植物。

花
密集的小花穗会在春末夏初出现，可以和叶片一起采收。

叶
其裂叶像妇女的披肩或斗篷，因而得名。

茎
从簇生的叶片中长出高高的花茎。

生长习性
有着木质茎、笔直成丛的多年生植物，冠幅50cm。

60cm

应用部位 地上部分。

主要成分 单宁、水杨酸、皂苷、植物甾醇、挥发油、苦味素。

作用 调节经期、促进消化、抗炎、修复创伤。

如何使用

浸液 每日5次，每次饮用1杯标准浸液有助于治疗急性腹泻或肠胃炎，也可用于缓解经量过多或痛经。

酊剂 每日3次，每次服用1~2ml可助于保持经期稳定。与等量的贯叶连翘混合服用，能缓解痛经症状。

漱口水 将1杯标准浸液用作漱口水，可治喉咙痛、喉炎或口腔溃疡。

乳霜/药膏/栓剂 对治疗阴道炎有一定疗效。如果症状在2~3天内没有改善，需要寻求专业治疗。

如何获得

种植 一种耐寒、丛生的多年生植物，喜湿润、排水良好的土壤，推荐在全日照或略遮阴环境中种植。叶片边缘可以长出11个锯齿。可以在春季直播，或在春夏之际分株繁殖。

搜寻 可以在北欧和中欧、南欧的山区找到，夏季也能在花园外发现白播生长的植株。

采收 在整个夏季都可以采收所有地上部分。

大蒜

　　大蒜据传原产于西伯利亚的西南部，但很早就流传到亚洲和欧洲大部分地区。它作为一种功效香草至少已有5000年的历史。如今众所周知，大蒜具有可以降低罹患心脏病风险的功效，并且还能降低血液中的胆固醇水平。大蒜也是一种强大的抗菌剂，有助于治疗感冒、黏膜炎和呼吸系统感染。

<u>应用部位</u>　球茎。

<u>主要成分</u>　挥发油（包括大蒜素、蒜氨酸和阿霍烯）、酶、维生素A、维生素B、维生素C、维生素E、矿物质（包括硒和锗）、类黄酮。

<u>作用</u>　抗菌、化痰、发汗、降压、抗血栓、降血脂、降血糖、拮抗组胺、驱虫。

如何使用

<u>汁液</u>　每日2次，每次将5ml的汁液与蜂蜜或水混合服用，可以抗感染、防止动脉硬化或降低血栓形成的风险。

<u>新鲜蒜瓣</u>　临睡前将新鲜蒜瓣涂于粉刺、脓疱处，有一定疗效。在每日的膳食中加入2~3瓣大蒜可以强健心血管系统，降低胆固醇，预防感冒和流感。

<u>胶囊</u>　在进餐前服用1粒大蒜素胶囊（服用时遵照药物说明），可以帮助预防季节性感染。

<u>酊剂</u>　每日3次，每次将2~4ml溶于水中服用，可辅助治疗心血管问题、呼吸紊乱或真菌感染。

<u>粉末</u>　每日将1平匙大蒜粉溶于水或果汁中一起服用可以预防心脏疾病再次发作。

如何获得

<u>种植</u>　推荐在全日照环境下的温暖场所种植，以肥沃、排水良好的深厚土壤为宜。秋冬季节将球茎或单独的蒜瓣埋入5~10cm深的土中即可。

<u>搜寻</u>　可能会在温暖地区找到野生品种，但一般都以栽培种为主。

<u>采收</u>　在夏末和初秋采收球茎，自然风干后储存在无霜环境中。

> <u>注意</u>　大蒜油对皮肤有刺激性，因此只能用于胶囊制品。大蒜可能会对某些人群产生胃部刺激。

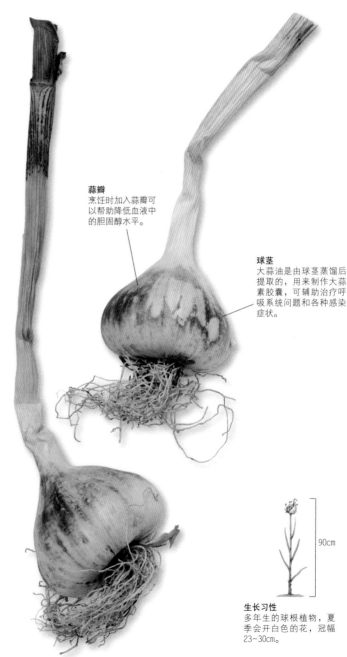

蒜瓣
烹饪时加入蒜瓣可以帮助降低血液中的胆固醇水平。

球茎
大蒜油是由球茎蒸馏后提取的，用来制作大蒜素胶囊，可辅助治疗呼吸系统问题和各种感染症状。

90cm

生长习性
多年生的球根植物，夏季会开白色的花，冠幅23~30cm。

芦荟

芦荟原生于非洲热带地区，曾被用作毒箭伤口的解药，后来流传到了欧洲，并作为一种疗伤药草闻名于希腊和罗马。芦荟的黏液具有镇静和促进愈合的效用，数个世纪以来一直用于治疗烧伤、炎症和皮肤溃疡。整条叶片可当泻药，因此一些国家对内服使用有剂量限定。

叶
叶片厚实、多刺、呈灰绿色，嫩叶时常带红色斑点。

黏液
新鲜叶片片内的黏液对葡萄球菌和数种链球菌有杀菌功效。

生长习性
畏寒、常绿、无限丛生的铺地多年生植物。

60cm

应用部位 叶片、黏液。
主要成分 蒽醌苷（包括芦荟苷和芦荟大黄素）、树脂、多糖、甾醇、皂苷、色酮。
作用 通便、利胆、修复创伤、滋补、镇痛、抗菌、止血、镇静、驱除肠道寄生虫。

如何使用

新鲜黏液 掰开叶片直接使用，或者用不太锋利的小刀刮擦使用。直接涂于烧伤、晒伤、创口、真菌感染、尿布疹、带状疱疹、皮癣、昆虫叮咬、过敏、湿疹的部位，也可用于缓解皮肤瘙痒。
酊剂 将整条叶片磨成黏浆制成。每日3次，每次服用5ml，可缓解便秘；每日3次，每次服用0.5~3ml，可用于促进食欲或消化不良时促进胆汁分泌。
胶囊 通常由磨成粉的叶片制成。100~500mg含量的胶囊可缓解便秘。
护发素 将10ml的黏液和120ml洋甘菊标准浸液混合，可作护发素。

如何获得

种植 推荐在全日照环境中种植，以排水良好的沙质土壤为宜，夏季适度浇水，冬季保持干燥。通常采用分株繁殖，将成熟母株旁丛生的幼苗切断并重新种下即可；也可以在21℃左右的春夏季播种繁殖。温暖地区可以盆栽，在较热的夏季可放置于室外。
搜寻 只能在热带地区找到野生品种，很多品种较容易混淆。通常在较热地区户外种植的会长得更大一些。
采收 可以随时按需采收叶片。

注意 不要在妊娠期服用芦荟。

柠檬马鞭草

柠檬马鞭草原生于智利和阿根廷的多岩石地区，如今已遍布世界，是一种香气浓郁的花园观赏植物，可用来制造香水，亦可制作干花。用于烹饪时，可给甜点、腌泡汁和水果饮料带来强烈的柠檬香气。此外，柠檬马鞭草在舒缓和振奋精神方面有很好的功效，因此经常被用来配制保健茶。

花
夏季，特别是当叶片已经被采收之后，会长出小小的白色或淡紫色花朵。

叶
叶片蒸馏后可以制作精油，在芳香疗法中用于缓解消化系统和情绪低落问题。

茎
如果露天种植于寒冷地带，植物的木质部分在冬季需要保护。

生长习性
半耐寒的落叶型灌木，冠幅约3m。

3m

应用部位 叶片、精油。

主要成分 挥发油（包括柠檬醛、橙花醇和香叶醇）。

作用 镇静、祛风、止痉挛、退热，促进肝胆功能，对某些真菌（白色念珠菌）有抑制作用。

如何使用

浸液 用0.5平匙干叶片泡1杯水，于餐后饮用缓解胃肠胀气，也可在睡前饮用缓解失眠症状。与蒲公英叶片混合浸泡，每日饮用3次可以改善肝脏功能。此外，还可缓解儿童高热症状。服药剂量需要遵医嘱。

浴液 在泡澡水中加入1杯标准浸液可以缓解疲劳和紧张。

按摩油 真正的柠檬马鞭草精油比较少见，一般都是由其他柠檬香气的精油掺杂而成。在15ml杏仁油中加入5滴柠檬马鞭草精油可作为缓解痉挛、焦虑、失眠或其他压力症状的按摩油。

如何获得

种植 推荐在全日照环境中种植，以湿润且排水良好的土壤为宜。通常在夏季斜剪下柔嫩的木质茎进行繁殖。如果在炎热的夏季后结子，还能够自播。柠檬马鞭草并不耐霜冻，因此在寒冷地区最好栽种于容器内，并用玻璃罩覆盖御寒。

除此之外，需在冬季修剪植株，并保持植株干燥，用织物或稻草保温（其最低生存温度为-15℃）。

搜寻 尽管在比较温暖的地区可以自播，但在北美以外的地区很难找到野生的柠檬马鞭草。

采收 夏季可以采收叶片。

注意 长时间使用或大剂量内服会导致胃部不适。精油会刺激敏感皮肤并产生光敏反应，因此外用后避免强光照射。

药蜀葵

　　药蜀葵原生于欧洲沿海地区，如今已被广泛人工培育。药蜀葵在舒缓和治愈功效上有着很好的效果，其拉丁名（*Althaea officinalis*）来自于希腊语中的"altho"（治愈）。药蜀葵既可内服，也可外用，已有至少3500年的使用历史。

<u>应用部位</u>　根系、叶片、花朵。
<u>主要成分</u>
根系：天冬酰胺、黏液、多糖、果胶、单宁。
叶片：黏液、黄素蛋白、香豆素、水杨酸、酚酸。
<u>作用</u>
根系：镇痛、化痰、利尿、修复创伤。
叶片：化痰、利尿、镇痛。
花朵：化痰。

如何使用

<u>浸渍</u>　将30g根系在600ml冷水中浸泡过夜并沥干，留下的液体通常非常浓且黏稠。每日3次，每次饮用0.5~1杯用于缓解胃酸倒流、胃溃疡、膀胱炎和干咳。
<u>外敷</u>　将1平匙根系磨成的粉末和少量水混合成糊状，涂抹于疮口、脓疱、溃疡或久未愈合的感染伤口。
<u>药膏</u>　用来排脓或排出小异物、小刺。
<u>浸液</u>　每日3次，每次服用1杯标准叶片浸液，可助于治疗支气管炎、支气管哮喘、黏膜炎或胸膜炎。
<u>糖浆</u>　将600ml用新鲜花朵制成的标准浸液和450ml蜂蜜或糖浆混合，小火熬煮10~15分钟，每次按需服用5ml。

如何获得

<u>种植</u>　推荐在全日照环境中种植，以肥沃、湿润、排水良好的土壤为宜。也能适应其他的栽培环境。夏季在托盘或育苗袋中播种，并在幼苗长至可以徒手拿取时，移至直径7.5cm的花盆中，然后在春季定植到室外。或者也能在秋季分株繁殖。在理想的栽培环境中很善于自播。
<u>搜寻</u>　可在沟渠、河边、潮汐区和池塘边找到，特别是沿海地区。夏季收集花朵可用来做止咳糖浆，或在生长阶段收集叶片。根系可当作蔬菜烹饪。
<u>采收</u>　秋季挖掘根系，在即将开花时将地上部分剪去。

花
夏季会开出浅桃红色的花朵。法国人多将它与虞美人、紫罗兰、毛蕊花一起混合泡制感冒茶。

叶
叶片可用来烹饪，口感像卷心菜，嫩叶可用于制作沙拉。

1.8m

生长习性
直立生长的多年生植物，冠幅60~90cm。

欧白芷

　　欧白芷原生于欧洲南部，是一种轮廓优美的植物，在夏季会长出显眼的头状花序。数个世纪以来在医治病痛方面有着非常广泛的应用。它的叶茎也能用来烹饪，精油是一种食物香精。

种子
从种子中提炼的精油是种食物香精，为许多开胃酒和利口酒起提味作用。

主茎
主茎可以拿来蜜渍，用于蛋糕装饰和烹饪。

2.5m

生长习性
强壮的二年生植物或生长期较短的多年生植物，冠幅1.2m。

应用部位　叶片、根茎、精油。
主要成分　挥发油（包括水芹烯、松萜、冰片、芳樟醇和柠檬烯）、环烯醚萜、树脂、香豆素（包括佛手内酯和当归根素）、缬草酸、单宁。
作用　止痉挛、发汗、抗炎、利尿、抗菌、促进消化。

如何使用

浸液　在餐后服用1杯叶片制成的标准浸液有助于消化。
汤剂　将15g的根茎与600ml的水混合熬煮5分钟，服用0.5~1杯可提升身体的热能，抵御寒冷气候，亦可缓解老年人因血液循环不良造成的关节炎，对风湿病及消化不良也有疗效。
酊剂　每日3次，每次服用3ml（60滴）叶片制成的酊剂，有助于治疗支气管炎和胃肠胀气。每日3次，每次服用1~2ml，可缓解咳嗽、慢性消化不良和食欲不振等消化系统失调问题，也可用作保肝剂。
按摩油　在15ml杏仁油中滴入5滴欧白芷精油可用来按摩胸腔，缓解支气管炎和咳嗽，或者按摩受到关节炎折磨的病变关节。

如何获得

种植　推荐在全日照或半遮阴环境中种植，以深厚、肥沃、湿润的土壤为宜。在春季或种子成熟后即可撒播于土面。当幼苗长至可以徒手拿捏时可根据需要间苗。在合适的环境下会自播。
搜寻　在欧洲南部、东部和亚洲地区的潮湿多草地区可以找到。
采收　初夏收集叶片和叶茎，冬季采收已生长一年的根茎和成熟的种子。

注意　避免在妊娠期使用。在无医嘱的情况下，糖尿病患者避免内服。外用后避免直接照射太阳，以免出现光敏反应。

旱芹

旱芹原生于欧洲的地中海地区和西亚，已经有很长的培育历史，多用来烹饪或拌沙拉生食。在药用方面，旱芹的种子和精油主要用于帮助治疗泌尿问题和关节炎，同时有助于清除造成痛风性关节炎的尿酸。

叶
旱芹也被称为野芹，比人工培育的品种叶子更多，呈分裂的多棱角状。

茎
饱满的叶茎可榨汁用来排毒。

生长习性
带球茎的二年生植物，冠幅15~30cm。

50cm

应用部位　种子、主茎、精油。

主要成分　挥发油（包括柠檬烯、芹菜脑、芹子烯和苯酞）、香豆素、呋喃糖、类黄香豆素、矿物质（包括铁、磷和钾）。

作用　抗风湿、镇痛、利尿、祛风、降血压、止痉挛、催奶、抗炎、消除尿酸，以及一定的抗菌作用。

如何使用

汤剂　将15g种子放入600ml的水中，小火熬煮10分钟，每日服用3次有助于治疗痛风、风湿性关节炎和尿路感染。

按摩油　在60ml杏仁油中滴入1ml旱芹精油，用于按摩小腹，可缓解消化问题、胃肠胀气和肝部充血。同样可用于坐骨神经痛、风湿病和关节炎。

足浴　在一盆温水中加入1ml旱芹精油，用来浸泡受痛风折磨的双足或趾关节。

汁液　将主茎和叶片榨汁并饮用，对体虚或神经衰弱有一定疗效。

如何获得

种植　推荐在全日照环境中种植，以湿润、排水良好的土壤为宜。春季在育苗穴中播种，表面覆盖一层薄薄的育苗土，放在温暖的窗台培育。长出幼苗后移入直径7.5cm的花盆，当幼苗长到10cm高时以30cm的间距定植。

搜寻　在沿海地区能找到野生品种。

采收　第一年可作为蔬菜采收，第二年夏季收集种子。

注意　妊娠期避免使用旱芹种子。不可将市售的旱芹种子作药用，因为它们表面可能喷过杀菌剂。在非专业指导下不要内服精油。

美洲甘松

　　美洲甘松分布于美国境内从中西部到东海岸的许多地区。它被印第安人用来治疗风湿、咳嗽、消化问题、哮喘和败血症。这种功效香草据传能够帮助出汗排毒，但未经研究证实。

应用部位　根系。
主要成分　挥发油、单宁、糖苷、二萜。
作用　化痰、发汗、促进发热、排毒。

如何使用

汤剂　将15g干燥根茎和600ml水一起熬煮，每日3次，每次服用0.5杯有助于治疗风湿。

糖浆　将300ml过滤后的汤剂和225g糖或蜂蜜一起煮至沸腾后用小火熬煮5~10分钟即熬成糖浆。每2~3小时服用5ml可缓解因支气管炎引起的咳嗽。

流浸膏　每日3次，每次取1.5~3ml与少量水混合后服用，可缓解因风湿病引起的疼痛、腰痛和其他类似的疼痛症状。

外敷　将15g磨成粉的根与少量水混合成糊状，涂在纱布上外敷，有助于治疗湿疹等皮肤问题。

如何获得

种植　推荐在半遮阴环境中种植，全日照环境中也可种植。秋季可直播或冬季在室内育苗。来年春季可以移栽定植。

搜寻　在美国中西部和东部地区的林地里大量生长，但其他地区较难找到野生品种。根系可以用来泡茶或给啤酒添加风味。

采收　可在夏季或秋季挖掘根茎。

注意　妊娠期避免使用。

花
夏季会长满花苞，翠白色的花朵非常细小，呈伞状花序。

茎
带有草本气味，直立，青紫色。

叶
硕大的心形叶片长度可达20cm，节点紫色。

1.5m

生长习性
多年生草本植物，夏季会开小花，冠幅0.6~2m。

牛蒡

　　牛蒡原生于欧洲和亚洲，被评价为帮助身体排出毒素和重金属的"清道夫"，同时也用于解决皮肤问题、关节炎和感染症状。传统上欧洲多使用根茎和叶片，而中医更多用种子入药来治疗普通感冒。

花
夏季花苞会完全开放，如菜蓟一般的花朵长着紫色的长刺。

叶
椭圆形的叶片长可达30cm，一直被用来外敷治疗包括粉刺在内的皮肤炎症。

1.5m

生长习性
生命力旺盛的直根系二年生植物，冠幅1m。

应用部位　根茎、叶片、种子。
主要成分
叶片/根茎：苦苷、类黄酮、单宁、挥发油、聚乙炔、树脂、黏液、菊粉、生物碱、倍半萜。
种子：必需脂肪酸、维生素A、维生素B$_2$。
作用
根茎：通便、利尿、发汗、抗风湿、防腐、抗菌。
叶片：通便、利尿。
种子：退热、抗炎、抗菌、降血糖。

如何使用

根茎汤剂　将根茎熬煮成标准汤剂，每日3次，每次服用0.5~1杯，可解决皮肤问题，包括顽固性脓疮、褥疮和干裂性湿疹。或用1杯汤剂来清洗粉刺或真菌感染部位，治疗脚气或脚癣。
浸液　饭前饮用1杯叶片标准浸液，可促进消化。
种子汤剂　将种子熬煮成标准汤剂，每日3次，每次服用1杯，可缓解有发热症状的感冒、咽喉发炎和咳嗽。种子制成的汤剂经常和金银花或连翘混合服用。
酊剂　每日3次，每次服用5~10ml根茎酊剂可以缓解关节炎症状，有助于排肾结石及促进消化。通常和其他功效香草组合使用。
外敷　根茎可用来外敷治疗褥疮和大腿溃疡。

如何获得

种植　推荐在全日照或半遮阴环境中种植，以湿润的中性或碱性土壤为宜。春季可直播，植株本身也很善于自播，并具有侵略性。
搜寻　在欧洲和西亚很容易在植篱和废弃场所发现它们的踪迹。
采收　夏末可采收根茎。叶片需要在刚开花时就赶紧采收。秋季可收集成熟的种子。

熊果

　　熊果原生于欧洲、亚洲和北美的荒野地带，熊最爱吃这种植物的果实——这也是其名字的来源。熊果中含有的氢醌能帮助防止泌尿系统感染，因此被大力推崇。

叶
可以收集小叶片并晒干，有助于治疗膀胱炎和其他泌尿问题。

花
钟形的花朵有着5片白色或粉色的花瓣，沿着花的中心卷曲收成小口。多在春末或夏初时节开花。

生长习性
开钟形花的匍匐铺地型常绿灌木，冠幅有90cm以上。

15cm

应用部位　叶片、浆果。

主要成分　氢醌（包括熊果苷）、熊果酸、单宁酸、没食子酸、酚苷、类黄酮、挥发油、树脂、单宁。

作用　收敛、抗菌、利尿、止血、助产。

如何使用

浸液　每日3次，每次服用1杯用叶片制成的标准浸液有助于治疗急性膀胱炎、尿道炎或尿道灼热。经常和茅草或猪殃殃一起使用。对于慢性泌尿系统问题，则需要寻求药物治疗，防止潜在的肾脏损伤风险。

酊剂　每日3次，每次服用2~4ml，可助于治疗泌尿系统问题或白带异常。

胶囊　通常和蒲公英混合制成，可消水肿，服用遵说明。

如何获得

种植　作为一种荒野植物，推荐在半日照或遮阴环境中种植，以湿润、肥沃的酸性土壤为宜，在合适的环境中会长成地被植物。秋季在保温条件下播种，当幼苗长至可以徒手拿捏时立即定植。

搜寻　在荒野地区能找到野生品种。

采收　春夏季可采收叶片。秋季可采收浆果，用来制作果冻和果酱。

注意　妊娠期、哺乳期，以及患有肾脏疾病期间不要内服。非专业指导下，不要连续服用超过10天。大剂量服用可能导致恶心、呕吐。

苦艾

　　苦艾是一种超级苦的功效香草，如今已成为一种助消化剂。它原产于欧洲，曾是一种很流行的杀寄生虫药，就像其英文名（Wormwood）所示，如今它还时常被用来"打虫"。

应用部位　叶片、花冠。
主要成分　挥发油（包括倍半萜内酯、侧柏酮、甘菊环）、苦味素、类黄酮、单宁、木脂素、二氧化硅、聚乙炔、菊粉、羟基香豆素。
作用　驱虫、助产、利胆、祛风、抗炎、提升免疫力。

如何使用

注意：只能按药物指导来使用。
酊剂　在舌头上滴1滴酊剂可以促进食欲，也能助你在傍晚抵挡对巧克力的渴望。
浸渍　在1杯冷水中加入0.5平匙的干燥苦艾并浸泡过夜，早晨过滤后饮用，可缓解食欲不振、消化不良、肝炎和肝气郁结。
外敷　将吸水布在已过滤的浸渍液体中浸泡后，敷于擦伤和感染处。
洗液　可用1杯已过滤的浸渍液体清洗疥疮或其他寄生性皮肤感染处。
流浸膏　取2ml用水稀释后空腹服用可助于排出寄生虫，每两周服用一次。

如何获得

种植　推荐在全日照环境中种植，以排水良好、肥沃的土壤为宜，也能适应贫瘠、干燥的土壤。春秋季在保温条件下播种，当幼苗长至可以徒手拿捏时定植。除此之外，也可以在春季分株繁殖或仲夏时扦插半成熟的枝条。
搜寻　可在欧洲、中亚和美洲部分地区的灌木丛和废弃场所找到。
采收　夏季可采集叶片，在开花时剪下地上部分。

> **注意**　孕妇及高血压患者避免使用。只能在专业指导下使用并且不要超过规定剂量，不要连续使用4~5周。

花
夏季淡黄色的管状花朵会聚集在球形花冠上。

地上部分
地上部分通常应在仲夏至夏末植株开花时采收。

叶
深裂的叶片带有强烈的香气，可让景观花园更具吸引力。

90cm

生长习性
有木质茎的多年生亚灌木，冠幅60~90cm。

黄芪

　　黄芪是中国最重要的草药之一，适用于较年轻的人群（人参则是年长者的补气佳品）。黄芪对于强健免疫系统和提升能量非常有效，除此之外，还有助于治疗脓肿和溃疡。

叶
绿色的叶片呈卵圆形，每根枝条会分布12~18对叶片。

生长习性
多年生豆科植物，冠幅30~40cm。

1m

应用部位　根茎部分。

主要成分　类黄酮（主要为异黄酮）、皂苷（包括黄芪皂苷）、多聚糖（黄芪多糖）、天冬酰胺、甾醇。

作用　止痉挛、调节生理功能、利尿、利胆、抗菌、降血糖、提升免疫功能。

如何使用

汤剂　通常会和其他功效香草混合使用，效果比单独使用更好。将9~15g的黄芪加入各种汤品中就是药膳汤，每天饮用1~2次。和人参一起使用可缓解体虚无力和身体疲劳，或者与当归一起用于缓解体力不支、气血不足或一些疼痛症状。

酊剂　每日3次，每次服用2~4ml，可用来补气血，提升因反复感染而受到损害的免疫功能，也可缓解多汗等症状。

胶囊　商业销售产品通常都标注为能量药剂。遵从包装上的剂量说明。

如何获得

种植　推荐在全日照环境中种植，冬末或早春时在准备好的育苗盘中埋入种子约1cm深，间距10cm。育苗土中要含有沙粒，偏碱性（pH值超过7），必须间苗直至株距约30cm。因为黄芪不耐潮湿，只能在土差不多要干透时才能浇水。

搜寻　在中国西北、东北地区可找到野生品种。

采收　秋季可挖掘四年生植株的根茎。

注意　避免在高热和重度感染时使用。可能会与免疫系统抑制药物或血液稀释药物产生冲突。

燕麦

　　燕麦原生于欧洲北部地区，如今世界各地都将其作为谷物来栽培，可用来制作风味菜肴、燕麦饼、麦片粥或加入早餐麦片中。通常新鲜采收的绿色植株都拿来药用，有助于降低血液中的胆固醇水平，缓解精神紧张。

应用部位　种子、麦麸、燕麦秆（整棵植株）。
主要成分　皂苷、类黄酮、矿物质（包括钙）、生物碱、甾醇类、维生素B$_1$、维生素B$_2$、维生素D、维生素E、胡萝卜素、硅酸、蛋白质（麸质）、淀粉、脂肪。
作用　抗抑郁、滋补、提升情绪、发汗、降低胆固醇水平。

如何使用

酊剂　理想的酊剂需要用新鲜的绿色植株制成。每日3次，每次服用1~5ml酊剂，可用于缓解神经衰弱、紧张、焦虑、抑郁。它和马鞭草、马先蒿或缬草一起使用有很好的效果。
浸液　按需服用1杯用燕麦秆制成的标准浸液，可缓解精神紧张。
去角质膏　用于暗沉、油腻或容易生粉刺的肌肤，将磨细的燕麦片用水和成面糊状，涂于脸上保持10分钟后清洗。
洗液　将600ml用燕麦秆或整棵植株制成的标准浸液过滤后倒入洗澡水中，可以止痒和去湿疹。

如何获得

种植　推荐在凉爽、潮湿环境中种植，但也能耐受干旱。以中性或略偏酸性的土壤为宜。冬麦一般秋种夏收，春麦一般春种秋收。
搜寻　经常能在灌木篱墙或田边看到自播的野生植株。可以捡拾那些并不用作饲料的干燥茎秆。一般认为野生燕麦比人工栽培的燕麦功效更好。
采收　在夏末或初秋谷物转为淡奶黄色时采收。

注意　对小麦麸质敏感人群来说，汤剂或酊剂需要静置待其沉淀分层后，小心倒出清澈液体使用。

种子
夏末或初秋时燕麦植株会从绿色变为奶黄色，这时可以采收，然后将谷粒从燕麦秆中分离。

1m

生长习性
一种直立型、有着扁平粗糙叶片的一年生草本，冠幅15~23cm。

琉璃苣

　　琉璃苣原生于地中海和西亚，在让人振奋精神方面有着很长时间的记载历史，被罗马人称为"带来幸福和欢乐的植物"。这种效果是由其刺激肾上腺分泌一种压力型激素而产生的。

花
夏季会绽放湖蓝色的花朵，常被用于制作饮料和沙拉。

叶
粗糙多毛的叶片散发着黄瓜香气，可撕碎后放入夏日沙拉中。

种子
开花后结出的种子含有大量的多元不饱和脂肪酸——γ-亚油酸。

60cm

生长习性
生命力顽强的一年生植物，有着直立、中空的叶茎，冠幅15~30cm，高60cm。

应用部位　叶片、花朵、种子。

主要成分
地上部分/叶片：皂苷、黏液、单宁、维生素C、钙、钾。
种子：顺式亚油酸和 γ－亚油酸（即Omega-6，多元不饱和脂肪酸）。

作用　刺激肾上腺素分泌、催乳、利尿、发汗、祛痰、抗抑郁、抗炎。

如何使用

酊剂　每日3次，每次服用2~5ml酊剂，共使用2~3周，有助于缓解压力或辅助激素治疗。

洗液　在新鲜汁液中加入等量的水，用来清洗发痒的皮肤或皮疹。

浸液　每日3次，每次饮用1杯标准浸液，与辣薄荷、接骨木花混合有助于治疗发热性感冒。

胶囊　种子油广泛用于制造胶囊，它能帮助治疗湿疹、风湿性关节炎、月经不调或肠易激综合征。

糖浆　用花或整个地上部分制作出浸液，再加蜂蜜或糖（每600ml浸液加450g）可助于治疗咳嗽。

如何获得

种植　推荐在略遮阴或全日照环境中种植，排水性好的任意土壤均可。在夏末播种，出苗后保持最小间距为30cm。植株的自播能力很强。

搜寻　最早在地中海的岩石地区能找到野生品种，如今在其他地区都能找到自播的植株。

采收　夏季采收地上部分。

注意　妊娠期避免使用。因其含有在澳大利亚和新西兰被禁用的紫草成分，因此在这两个国家被限制使用。不推荐用于长时间的治疗（最长2~3周）。

金盏花

　　金盏花据说可以提升士气和鼓舞人心，是如今最受欢迎的药用香草之一，被广泛应用于制作金盏花药膏和乳霜，也用来帮助解决消化问题和妇科问题，清洁皮肤或治疗风湿性疾病。

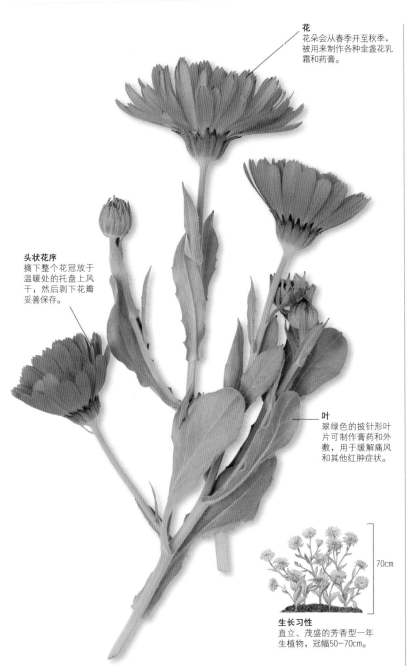

花
花朵会从春季开至秋季，被用来制作各种金盏花乳霜和药膏。

头状花序
摘下整个花冠放于温暖处的托盘上风干，然后剥下花瓣妥善保存。

叶
翠绿色的披针形叶片可制作膏药和外敷，用于缓解痛风和其他红肿症状。

70cm

生长习性
直立、茂盛的芳香型一年生植物，冠幅50~70cm。

应用部位　头状花序、精油。

主要成分　类黄酮、黏液、三萜类、挥发油、苦苷、树脂、甾醇、胡萝卜素。

作用　收敛、抗菌、抗炎、修复创伤、止痉挛、调节月经周期、滋补、利胆，以及轻微的雌激素功效。

如何使用

不要与孔雀草(*Tagetes patula*)混淆。

浸液　每日3次，每次饮用1杯标准浸液，用于缓解炎症引发的消化紊乱，例如胃炎、食道炎或肠炎。外用可帮助治疗霉菌性阴道炎，也可作为缓解牙龈问题的漱口水。

乳霜/药膏　用于轻微擦伤、皮肤红肿或干燥等问题，如湿疹、皲裂、冻疮、粉刺、轻度烧伤和烫伤、晒伤等。对于真菌感染也同样有效，例如皮癣、鹅口疮和脚气。

浸制油　用作帮助治疗痔疮或微血管破裂的药膏。在其中加入20%的薰衣草油可防晒伤。

酊剂　每日3次，每次服用2~5ml酊剂，可用于缓解月经问题（不规律、量过多或痛经）。

如何获得

种植　推荐在全日照或半日照环境中种植，以排水良好的土壤为宜。秋播或春播均可，播后覆薄土。育苗穴播种后于幼苗长至可以徒手拿捏时定植，也可盆栽种植。金盏花在整个夏季都会开花，自播能力很强，因此要经常采集花朵以防过度自播。

搜寻　地中海的岩石地区、耕地及荒地是最可能找到野生品种的地方，有时花园里也可能发现自播的植株，但这种情况并不多见。

采收　夏季采收花朵。

注意　妊娠期避免内服。

辣椒

原产于美洲热带地区的辣椒，是在1493年由意大利探险家克里斯托弗·哥伦布的随行医师命名的，后来被引入印度和非洲一些国度，直到16世纪中叶进入欧洲，马上成为了一种调味香料和功效香草。如今广泛用于缓解发热症状。

花
植株在春夏两季会开出单个的白色或紫色小花（取决于品种）。

果实
辣椒果实热辣并具有刺激性，能增加血流量、促进排汗及消化。

生长习性
茂盛的多年生灌木，冠幅0.5~2m。

1.5m

应用部位 果实。

主要成分 辣椒素、类胡萝卜素、脂肪酸、类黄酮、维生素A、维生素B_1、维生素C、挥发油、糖类。

作用 促进血液循环、发汗、刺激胃液分泌、祛风、消毒、抗菌。

如何使用

浸制油 在600ml葵花子油中放入30g辣椒粉或3~4个切碎的辣椒，用小锅隔水加热2小时制成浸剂。用于按摩祛风湿，缓解腰痛、关节炎等症状，亦可缓解带状疱疹的疼痛。

酊剂 在1杯温水中滴入1ml酊剂，可用来促进内循环，温暖冰冷手脚。

漱口水 在半杯温水中滴入0.25~0.5ml酊剂或一小撮辣椒粉可缓解喉咙痛或咽炎。

如何获得

种植 在每个直径7.5cm，装有干净、无污染育苗土的盆中播撒2~3粒种子，在土壤温度达到15℃时种植。温带地区可将盆栽移入温室内保温。

搜寻 除原产地之外很少有野生品种，但在花园外可能发现自播的植株。

采收 夏季可采摘成熟的果实，并立即放于阴凉处风干。

注意 不要超剂量使用，过量服用会导致胃部灼伤。处理过辣椒后的手避免接触眼睛或任何伤口，以免引发刺痛。长时间外敷于皮肤会导致红肿起疱。

葛缕子

　　原产于地中海地区的葛缕子，如今多生长于亚洲和北美洲的部分地区，从中提炼的油多用于制造药品和化妆品，比如牙膏、漱口水和食物芳香剂。与其亲缘植物大茴香和小茴香一样，葛缕子也有助于治疗消化和呼吸障碍，并广泛用于缓解婴幼儿肠绞痛。

应用部位　种子、精油。

主要成分　挥发油（主要是香芹酮和柠檬烯）、类黄酮、多糖。

作用　止痉挛、祛风、抗菌、祛痰、催乳、调节月经、利尿、滋补。

如何使用

浸液　将100ml开水浇于1~2平匙碾碎的种子上制成浸液。每日3次，每次服用1杯可以缓解痛经或成人腹绞痛；每日服用1杯可有助于增加哺乳期的乳汁量。对于腹绞痛的儿童，可根据年龄减少剂量。1~2岁的儿童，用10ml的标准浸液混合100ml的温水服用。3~4岁的儿童，用20ml的标准浸液混合200ml的温水服用。

酊剂　每日3次，每次服用3~5ml的种子酊剂，可缓解食欲不振或肠胃气胀。

精油　在5ml的杏仁油中加入5滴葛缕子精油，用其揉搓胸部，助于治疗支气管炎和排痰性咳嗽（会咳出痰来的咳嗽，比干咳严重）。

如何获得

种植　推荐在全日照环境中种植，以较深厚、肥沃、排水良好的土壤为宜。春季在指定位置撒播，发芽后拔除多余小苗，间距控制在7.5~10cm为宜。葛缕子是二年生植物，会在第二年开花。葛缕子需要经历一个长久又炎热的生长季节才能结出种子，因此在较凉爽的地区无法生产足够多的种子。

搜寻　在多草地区或荒地可找到野生品种。在较炎热的气候条件下会在夏末结出种子。在较凉爽地区只有夏季炎热的情况下才可能结出种子。

采收　夏末收集成熟的种子。

> **注意**　精油会刺激皮肤。

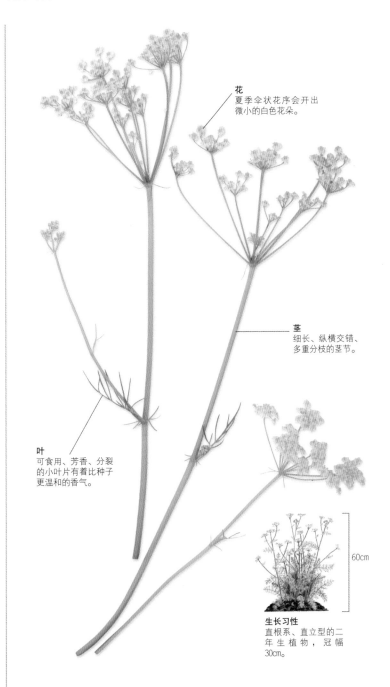

花
夏季伞状花序会开出微小的白色花朵。

茎
细长、纵横交错、多重分枝的茎节。

叶
可食用、芳香、分裂的小叶片有着比种子更温和的香气。

60cm

生长习性
直根系、直立型的二年生植物，冠幅30cm。

积雪草

积雪草原产于印度、澳大利亚，以及东南亚一些国家，多作为饲料作物、绿色蔬菜和药用植物栽种。积雪草在一些国家被限制使用。

叶
圆润、类似钱币的叶片非常光滑，几乎无绒毛。

花
小小的粉色或红色花朵生长在土表附近的茎丛中。

匍匐茎
植株靠匍匐茎或叶片节点出现的根系繁殖。

生长习性
蔓生型的多年生或一年生植物，依靠簇生叶片的节点来生根繁殖。

20cm

应用部位 整棵植株。

主要成分 生物碱（包括积雪草碱）、萜类皂苷、类黄酮、苦味素、挥发油。

作用 滋补、抗风湿、利尿、通便。

如何使用

浸液 每杯开水中放入0.5平匙干燥积雪草，每日服用1杯，有助于治疗皮肤问题、风湿，亦可帮助改善疲劳、抵抗抑郁。

酊剂 将5ml酊剂溶于水中，每日服用1次，可帮助提高记忆力，改善无法集中注意力问题或单纯性的乏力。

洗液/药膏 用于帮助治疗愈合不良的伤口及皮肤溃疡。

新鲜叶片 印度通常用此来帮助治疗儿童痢疾，或放入沙拉中作为滋补性食材。

流浸膏 将20滴流浸膏溶于水中服用，每日最多服用3次，可改善风湿和静脉循环不良。

如何获得

种植 通常在野外就能采集到，但温暖地区可以在春季直接播种。积雪草喜欢扎根在沼泽、沟渠与河边，因此最适宜在半日照的湿地中生长。能够无限扩张，因此需要限制生长空间，以防侵略性繁殖。

搜寻 整棵植株可在其自然生长的地方（南非和亚洲部分地区）随意采摘。

采收 整棵植株会在3个月内完全成熟，因此全年都可采摘（包括根系）。

> **注意** 偶尔会导致皮肤光敏反应。不要连续使用超过6周。

菊苣

　　原产于地中海地区的菊苣，如今已广泛生长于欧洲和北美洲，被作为一种蔬菜栽培。植株非常苦，常被作为咖啡的替代品，也是一种非常好的助消化剂和调理品，同样也是帮助儿童通便的良药。

头状花序
头状花序会在夏季盛开，2~4cm宽，含有两排苞片：外部苞片短小、内部苞片直立细长。

花
鲜艳的天蓝色花朵可以和叶片一起泡茶，有助消化。

叶
苦涩的叶片可以涮烫后和大蒜、红辣椒或小鱼一起翻炒，拌食意大利面。

1.5m

生长习性
直根系、丛生的多年生植物，冠幅45~60cm。

应用部位　根茎、叶片、花朵。

主要成分　菊粉（根系中）、倍半萜内酯（莴苣苦素和山莴苣苦素）、低聚糖、苷类、维生素、矿物质。

作用　通便、利尿、轻度镇静、利肝、助消化。

如何使用

汤剂　每日3次，每次饮用0.5~1杯菊苣制成的标准汤剂，可以调养肝脏和消化系统。每天服用1~2次稍稀释的汤剂，可以缓解便秘。菊苣含菊糖，有助于维护健康的胃肠道菌群。

浸液　将叶片和花朵混合制成标准浸液，每日3次，每次饮用1杯，可促进消化。

酊剂　每日3次，每次服用1~2ml根茎制成的酊剂，可促进食欲。

流浸膏　这种流浸膏已被证实可治疗牛羊的肠道寄生虫感染，对人体寄生虫的治疗效果研究不多。

如何获得

种植　推荐在全日照环境中种植，以肥沃、湿润、排水性好的中性至碱性土壤为佳。春秋季在保温条件下播种，小苗长成后定植，间距至少60cm。需经常采摘枯花，因为植株很容易自播。

搜寻　有时能在树篱和田野边缘找到，特别是南欧地区。夏季可以采收叶片，叶片的苦味可以通过焯水来消除。

采收　第二年的早春挖取根茎。

山楂

在北温带地区能发现很多带刺的不同品种山楂丛或山楂树。山楂（*Crataegus laevigata*）是欧洲品种，而山里红（*Crataegus pinnatifida*）是原生于中国南部的品种，也被作为药用品种。山楂果实能用来制作风味果冻，可搭配芝士和冻肉。

花
通常春末会开花，花冠对促进代谢有好的效果。

茎
山楂尖锐的茎干是一种很受欢迎的树篱，并为筑巢的鸟类提供了安全的庇护所。

生长习性
落叶型灌木或小树，冠幅5~8m。

6m

应用部位 花冠、果实。

主要成分 生物类黄酮、苷类（包括芸香苷和槲皮素）、三萜、原花青素、多酚、皂苷、单宁、香豆素、矿物质。

作用 促进末梢血管扩张、强心、收敛、抗氧化。

如何使用

浸液 每日3次，每次饮用1杯用花冠制成的标准浸液，可促进代谢或辅助高血压治疗。

汤剂 每日6次，每次饮用0.5杯山楂制成的标准汤剂，可帮助治疗急性腹泻和消化紊乱。汤剂可作为滋补品，每日饮用2杯。

酊剂 服用1~2ml用果实或花冠制成的酊剂，可以缓解高血压，可以视情况与其他功效香草一起混合使用。

汁液 在料理机中将果实打碎，挤出汁液，每日2次，每次服用10ml，可促进消化和缓解腹泻。

如何获得

种植 可播种繁殖，秋季在保温条件下播种以安全过冬。但大部分都是在春季通过压条来繁殖。把带着斜切口的枝条插入小花盆中，一旦生根，就连土一起放入直径20cm的花盆中，直到在户外定植。山楂会通过果实来自播。

搜寻 通常会在田野边和路边看到长成树篱的山楂树。

采收 春季采集花冠泡茶，秋季采摘成熟的红果制作果冻或果酱。

注意 将山楂用于辅助治疗心脏病或在服用含山楂的处方药时，需要遵循专业指导。

姜黄

　　姜黄是制作咖喱粉的关键原料，原产于南亚，广泛用于辅助治疗消化紊乱和肝脏疾病。现代研究表明姜黄还具有强大的抗氧化性，并能降低胆固醇水平。

应用部位　地下茎。

主要成分　挥发油、姜黄素（黄色素）、树脂、维生素、矿物质、苦味素。

作用　祛风、利胆、抗氧化、解毒、抗菌、抗炎、降血脂。

如何使用

汤剂　每日最多3次，每次服用0.5杯标准汤剂，可缓解恶心、胃酸分泌过多、消化不良、肝或胆囊不适等问题。也可与能治疗关节炎的当归或爪钩草一起混合，每日服用3次。

酊剂　每日3次，每次将2~4ml酊剂溶于少量水中服用，可以帮助降低血液中胆固醇水平。每日1~3次，每次服用5ml可缓解痛经。

粉末　在1杯水、果汁或牛奶中加入1~2g姜黄粉，拌匀服用，可帮助治疗关节炎或湿疹。

药膏　每日涂抹2~3次，可辅助治疗脚气、牛皮癣或皮癣。

如何获得

种植　推荐在半遮阴、高湿度的环境中种植，以湿润、肥沃的土壤为佳。姜黄只在温暖地区生长（最低温度15~18℃），但可栽种于其他地区的草丛里。秋季在21℃时播种。也可在冬季植株休眠时分根繁殖或秋季用切开的部分根茎进行繁殖。

搜寻　在印度干燥林区和南亚一些地区外很难找到野生品种。

采收　秋季可以挖掘地下茎，风干前需要预先蒸煮。

> **注意**　偶尔也会导致皮肤发疹或产生光敏反应。避免在妊娠期大量使用，可少量用于烹饪调味。胆结石患者在使用前需要咨询专业意见。

叶
绿色、尖锐的椭圆形叶片可以生长到60cm长。

叶片在印度、印度尼西亚和其他东南亚国家被用来给咖喱提味，或包裹准备要烹饪的食物。

90cm

生长习性
芳香、长有光亮叶片的多年生植物，边界不定。

柠檬香茅

原产于东南亚大草原的柠檬香茅，如今作为一种烹饪香草和精油植物，在很多热带地区都有栽种，包括危地马拉、菲律宾和西印度群岛一些国家。柠檬香茅在亚洲部分地区还是一种受欢迎的消化药剂。此外，也常作为一种芳香剂，用于制造香水。

茎
很多超市将柠檬香茅作为一种厨用香草售卖。其茎叶可用来泡茶，在亚洲很多地区还用它来给水果饮料增加香味。

1.5m

1m

生长习性
生长迅速、丛生的多年生植物，茎叶细长，冠幅1m。

<u>应用部位</u> 叶片和茎节、精油。

<u>主要成分</u> 主要成分为柠檬醛（65%~85%）的挥发油、香叶醇、香茅醇、月桂烯、冰片。

<u>作用</u> 止痉挛、祛风、解热、止痛、抗抑郁、防腐、抗菌、镇静、滋补。

如何使用

<u>洗液/药膏</u> 将30滴精油稀释于1平匙伏特加中，然后加入120ml水，倒入喷壶中用作驱虫剂（可驱赶跳蚤、扁虱和壁虱），或作为空气清新剂和止汗剂。

<u>按摩油</u> 将20滴精油稀释于60ml杏仁油中，用来按摩疼痛的肌肉，或揉捏下腹部以缓解胃痉挛。

<u>浸液</u> 每日3次，每次饮用1杯标准浸液，对呼吸急促、肠胃胀气、消化不良或胃痉挛有帮助。

<u>膏药</u> 将一把切碎的新鲜柠檬香茅在橄榄油中熬煮1~2分钟后作膏药敷用，可用于缓解关节疼痛。

如何获得

<u>种植</u> 凉爽地区宜盆栽，在温室中过冬，不能耐受霜冻（最低温度7℃）。在无霜冻地区，可栽种于肥沃、湿润、排水良好的土壤中，间距保持60cm。早春18℃时可播种于育苗盘中，幼苗长大后移苗至直径7cm的花盆中。也可在春末通过分根法来繁殖。

<u>搜寻</u> 除原产地东南亚大草原以外地区很难能找到野生品种。

<u>采收</u> 全年可采收茎叶。

注意 非专业指导下不能内服精油。避免在妊娠期大量使用，可少量用于烹饪调味。

洋蓟

　　原产于地中海地区的洋蓟，是从古代的菜蓟进化而来的。其球形的头状花序一般在开放之前就会被采收作为蔬菜食用。洋蓟心可用于制作沙拉。在药用方面，洋蓟植株是一种肝脏保护剂，有助于抵抗毒素和感染，提升肝脏功能。

头状花序
头状花序在开放之前就可采收，作为一种蔬菜煮熟后配上黄油一起食用。

洋蓟心隐藏在头状花序的中央，可以加入沙拉中。

应用部位　头状花序、叶片、根茎。
主要成分　倍半萜烯内酯（菜蓟内酯）、洋蓟素、菊粉。
作用　利胆、促进胆汁分泌、养护肝脏、降血糖、利尿、降血脂。

如何使用

汁液　将等量的叶片和头状花序汁液混合后倒入水中，每日饮用1杯可养护肝脏。
浸液　每日3次，每次饮用1杯用叶片制成的标准浸液有助于治疗肝脏损伤、黄疸、消化不良、恶心、腹部胀气等。饮用浸液也能帮助降低血液中的胆固醇水平，对于控制糖尿病亦有帮助。
食物　经常食用洋蓟心可以帮助调理糖尿病。
胶囊　每日早晚用餐前服用3粒250mg含有叶片粉末的胶囊，可以养护肝脏。

如何获得

种植　推荐在开阔但有遮蔽的全日照环境中种植，以排水良好的土壤为佳，种植前给土壤施加完全腐熟的有机肥。春季在保温条件下播种，当幼苗长至可以徒手拿捏时定植。也可在春季用枝条来繁殖，或在冬季分株繁殖。
搜寻　无野生记载。
采收　开花前剪去叶片。第二年苞片开放前采收头状花序，作为蔬菜食用。

1.8m

生长习性
大型多年生植物，冠幅1.2m，有着刺头一般的花朵。

野山药

　　野山药原产于美国南部和东部，以及中美洲部分地区，如今已遍布大部分亚热带地区。野山药中的化学成分薯蓣皂苷元于20世纪30年代被证实存在，于1960年被用来制造黄体酮避孕药。

应用部位　根茎和块茎。

主要成分　生物碱、甾体皂苷（主要是薯蓣皂苷元，会分解成薯蓣素）、单宁、植物甾醇、淀粉。

作用　松弛肌肉、止痉挛、利胆、抗炎、发汗、抗风湿、利尿。

如何使用

汤剂　每日3次，每次饮用0.5~1杯用600ml水和10g块茎炖煮20分钟制成的汤剂，可缓解肠易激综合征或憩室炎。每3~4小时饮用0.5杯，可缓解痛经。在分娩时不断啜饮可缓解疼痛。

酊剂　每日3次，每次饮用2~3ml有助于治疗更年期问题。

流浸膏　每日3次，每次将1~2ml流浸膏溶于少许水中饮用，对关节炎有一定疗效。与其他功效香草如黑升麻、欧洲荚蒾、欧洲合欢子或白柳混合，有助于治疗风湿性关节炎。对于帮助提升肝脏功能同样有效。

如何获得

种植　宜在半遮阴环境中种植，以湿润、排水良好的轻质、肥沃土壤为佳。通常用切条的块茎来繁殖，或收集夏末时叶腋处生长的零余子后播种繁殖。野山药是雌雄异株植物，因此要同时种有雄株和雌株才能结出种子。早春时在保温条件下播种，当幼苗长至可以徒手拿捏时定植。

搜寻　通常在美国东部、南部地区，以及中美洲部分地区的潮湿树林、沼泽、灌木丛和树篱中能发现野生品种。

采收　秋季挖掘块茎和根茎，清洗后风干。

注意　内含的皂苷可能会导致敏感人群产生恶心反应。

茎
光滑无毛的茎从右向左缠绕，长出气根，可以长达5m。

花
黄绿色的花朵会在夏季出现，可能会成簇下垂（雄花），也可能长着尖锐的头状花序（雌花）。

叶
顶端尖锐的心形叶片可长达10cm，大部分都会交替生长。

4.5m

生长习性
有着心形叶片和红褐色茎节的蔓生植物。

紫锥菊

　　原产于美国东部地区的紫锥菊被称为"密苏里蛇根草"，被美洲印第安人用来辅助治疗发热和久治不愈的伤口。紫锥菊在19世纪被引入欧洲，并作为能治疗大范围感染的抗菌药而得到广泛研究。

花
在夏末绽放的鲜艳紫色花朵是蜜蜂和蝴蝶的最爱，被用来辅助治疗轻度感冒和发冷。

叶
德国研究人员发现，叶片和根系一样，在抗感染方面同样有效。

生长习性
花朵类似雏菊，长有地下茎的直立型多年生植物，冠幅35cm。

1.2m

应用部位　花、根系、叶片。
主要成分　挥发油（包括蛇麻烯）、糖苷、烷酰胺、菊粉、多糖、多炔类抗生素。
作用　增强免疫功能、抗过敏、调理淋巴系统、抗菌、抗炎。

如何使用

浸液　每日3次，每次饮用1杯标准浸液，可辅助治疗普通感冒、受寒或流感。

汤剂　每2～4小时服用10ml用根系制成的标准汤剂，可辅助治疗急性感染。与大麻叶泽兰混合服用效果非常好。

漱口水　每日2～3次，每次将1杯根茎制成的标准汤剂或将10ml酊剂溶于1杯温水中，用于漱口，可辅助治疗喉咙疼痛、口腔溃疡和扁桃体炎。

酊剂　每日3次，每次服用5ml，可治尿路感染。与等量猪殃殃酊剂混合可辅助治疗淋巴结肿大或传染性单核细胞增多症。对于感冒和流感，可在症状显现时服用10ml酊剂，48小时内服用4次，效果较好。

药膏　可涂抹于擦伤、烫伤或皮肤溃疡处。

如何获得

种植　推荐在全日照环境中种植。春季在容器内播种，幼苗长大后定植。可在春秋季将成熟的植株进行分株，也可在秋末或初冬切分根系进行繁殖。

搜寻　除美国以外的地区很难找到野生品种。过度收割导致它们变得非常稀有，因此不要在原生地采集植株。

采收　生长季节可以采集叶片。秋季花谢之后，可挖掘已生长4年的植株的根系。

> **注意**　大剂量使用可能导致恶心、眩晕。

问荆

　　原产于欧洲、亚洲和北美洲的问荆是史前时代的幸存者。这种古老的植物几千年来都未曾改变过，一旦形成植被，会渐渐分解形成煤层。它能修复结缔组织，从古时候起就是一种止创功效药草，用来止血。

叶和茎
叶片和茎节都对结缔组织和受损肺部有治疗功效。

叶片和茎节中含有硅元素，因此整株植物具有高度腐蚀性，能用来擦洗锅具，也因此有个较通用的名字：洗瓶刷（bottlebrush）。

生长习性
直立的分枝型多年生植物，可无限生长的冠幅。

80cm

应用部位　地上部分。

主要成分　硅酸和硅酸盐、生物碱（包括尼古丁）、单宁、皂苷、类黄酮、苦味素、矿物质（包括钾、锰、镁）、植物甾醇。

作用　收敛、止血、利尿、抗炎、修复结缔组织、加速凝血。

如何使用

汤剂　每日3次，每次饮用0.5~1杯用15g香草与600ml水制成的汤剂，可辅助治疗月经过量、尿路感染、前列腺问题或慢性肺病。

汁液　每日3次，每次饮用5~10ml汁液，可辅助治疗受损肺部或泌尿问题。

浸浴液　在洗澡水中加入300ml汤剂，可缓解扭伤、骨折疼痛，以及湿疹等皮肤过敏症状。

膏药　用1平匙的粉末和一点水混合成糊状，或将一把新鲜的地上部分蒸熟，用纱布包裹后，敷在腿部溃疡、创伤、褥疮或冻疮处。

漱口水　将半杯汤剂和等量的水混合，用于漱口，可辅助治疗口腔感染或喉咙疼痛。

如何获得

种植　推荐在全日照或半日照环境中种植，以湿润土壤为佳。通常在早春进行分株繁殖。其根系具有侵略性，在一些国家被限制栽种。

搜寻　在草地、田野边界、树篱和荒地能搜寻到其踪迹。勿与犬问荆（*Equisetum palustre*）这种含有有毒生物碱的大型植物混淆。

采收　生长季节剪下茎节。

注意　如果使用时出现尿血或月经量突然异常的情况应寻求专业指导。非专业指导下，不要连续使用超过4周。

蓝桉

　　蓝桉原产于澳大利亚塔斯马尼亚，对于澳大利亚土著人来说是一种重要的药草。如今已作为一种经济作物栽培于全世界，从中提炼的精油被作为防腐剂而广泛应用。

应用部位　叶片、精油。

主要成分　挥发油（包括桉树脑）、单宁、醛类、苦味素。

作用　防腐、去充血、抗菌、止痉挛、解热、降血糖、驱虫。

如何使用

汤剂　每日3次，每次服用0.5~1杯汤剂（用三四片叶子和1杯水熬煮10分钟），可辅助治疗早期感冒、受寒、鼻塞、流感、哮喘、鼻窦炎、喉咙痛和其他呼吸障碍。

按摩油　将其与0.5ml尤加利油和30ml杏仁油混合按摩于胸部，可辅助治疗感冒、支气管炎、哮喘和其他呼吸系统问题。

蒸汽吸入　在1碗沸水中滴入0.5ml精油或放入6片叶子，蒸汽吸入，可辅助治疗感冒和胸部感染。

外敷　将布浸于由10滴精油和60ml水制成的混合液体中，取出后敷于疼痛关节或轻微烧伤处，有助于缓解症状。

如何获得

种植　推荐在阳光直射且防寒防风处种植，以较湿润的中性偏酸土壤为佳。在春季气温达21℃时播种，当幼苗长到足够大时可定植，也可以直接购买小苗种植。蓝桉的吸水性非常强，会耗干土壤中的水分。

搜寻　虽然还能在热带沼泽地区找到野生品种，但在许多热带、亚热带和温带地区，已基本被商业化栽培。

采收　可随时按需采收叶片。

注意　不可内服精油，已有较低剂量内服引发死亡的案例。

叶
澳大利亚土著人多将叶片磨成糊后，外敷用于治疗创伤或内服治疗发热和感染。

50m

生长习性
嫩叶淡蓝色，成熟叶片绿色的大型常青树，冠幅25m。

大麻叶泽兰

　　原产于欧洲的大麻叶泽兰曾经用来治疗发热型感冒或皮肤溃疡。植株中含有一种称为泽兰苦素的苦味物质，被认为具有抗癌、抗菌的功效，也是一种免疫增强剂。但大麻叶泽兰含有有毒生物碱，因此使用时要小心。

叶
叶片可以磨成浆，析出的汁液能作为犬类和马匹的体表杀虫剂。

头状花序
夏季到初秋出现的粉红色头状花序是蝴蝶和蜜蜂的最爱。

叶片曾被用来包裹面包以防霉变。

生长习性
长有大麻状叶片的多年生草本植物，冠幅1.2m。

1.5m

应用部位　地上部分、根。
主要成分　挥发油（包括百里香酚、甘菊环、α-萜品烯）、类黄酮、倍半萜内酯（包括泽兰苦素）、吡咯里西啶类生物碱。
作用　退热、利尿、抗坏血病、通便、利胆、祛痰、提高免疫力、抗风湿、发汗、滋补。

如何使用

注意：只能在专业指导下短期使用。
浸液　传统上用于特定皮肤症状、风湿、关节炎的治疗，但只能在有资质的医师指导下使用。
膏药　将一把新鲜叶片放入粉碎机中打成糊状，裹入纱布内，敷于化脓的皮肤溃疡处或腐烂处。

如何获得

种植　栽种于全日照或半日照环境中，以湿润土壤为佳，但也可适应其他土壤。早春在保温条件下播种，表面用育苗土略覆盖。幼苗萌发后移栽入直径7cm的花盆中，初夏定植，株距60cm为宜。或在春秋季节撒播于室外。
搜寻　在潮湿的林区、水沟、荒地或沼泽地可以找到野生品种，且已引入西亚和北美的部分地区。
采收　夏末至初秋割下开花的地上部分。秋季可挖掘根茎。

注意　含有毒生物碱，因此只能在专业指导下使用。高剂量使用会导致恶心和呕吐。避免在妊娠期使用。

紫苞佩兰

　　紫苞佩兰最早被发现于美国东部地区的潮湿灌木丛中，如今已作为一种轮廓优美的花园装饰植物遍布世界许多地区。这种植物可用于帮助治疗肾结石和其他泌尿系统问题。

<u>应用部位</u>　根系和地下茎。
<u>主要成分</u>　佩兰素、挥发油、类黄酮、树脂。
<u>作用</u>　舒缓、利尿、促进排出结石、抗风湿、收敛。

如何使用

<u>汤剂</u>　服用0.5杯汤剂（由1平匙干燥根茎和1杯水熬煮20分钟制成），可辅助治疗肾结石、尿灼痛。这种汤剂传统上还用于缓解分娩疼痛。紫苞佩兰可以增强肾脏排毒能力，因此汤剂同样对风湿病和痛风有疗效，可以促进排出尿酸。

<u>酊剂</u>　每日3次，每次服用2~4ml，可辅助治疗泌尿系统问题，如膀胱炎，或控制感染。也可以和短柄野芝麻（*Lamium album*）一起混合用于帮助解决前列腺问题，或和斗篷草（*Aphanes arvensis*）、欧蓍草（*Parietaria judaica*）或绣球花（*Hydrangea* spp.）一起混合用于帮助排出肾结石。

如何获得

<u>种植</u>　推荐在全日照或半日照环境中种植，以湿润、肥沃土壤为佳。春季在保温条件下播种，当幼苗长至可以徒手拿捏时定植，植株间距至少90cm。适宜种于墙边，但如今已作为花境植物栽种。

<u>搜寻</u>　除美国东部以外地区无法搜寻到野生品种，尽管它有时会自播到花园外。因为经常会用到根系，所以最好不要从野外采集。在欧洲，其近属大麻叶泽兰则更容易被找到。

<u>采收</u>　秋季挖掘已生长2年或更久的植物根系。

<u>注意</u>　避免在妊娠期使用。

头状花序
瞩目的金紫红色头状花序让紫苞佩兰成为一种受欢迎的宿根花境植物。

叶
长矛状的叶片大而粗糙。

茎
中空的茎干充满了纤维质，与叶片连接的地方呈紫色。

2.2m

生长习性
强健、成丛、长有直立茎的多年生植物；冠幅1m。

旋果蚊子草

　　旋果蚊子草生长于欧洲和西亚的潮湿沟渠中，其英文名（Meadowsweet）源自最初的应用——调制蜂蜜酒。如今，它是一种评价很高的抑酸草药，能帮助抑制胃酸过多，避免影响消化系统及导致胃炎产生。旋果蚊子草还能降低体液酸性，因此对关节炎很有帮助。

花
夏季会长出蓬松的头状花序。

叶
叶片通常和花序同时采收，用于泡茶和制作酊剂。

90cm

生长习性
丛生型多年生植物，冠幅60cm。

应用部位　地上部分、花。

主要成分　水杨酸盐、类黄酮（包括芸香苷和金丝桃苷）、挥发油（包括水杨醛）、柠檬酸、黏液、单宁。

作用　抑酸、抗炎、抗风湿、助消化、利尿、发汗、抗凝血。

如何使用

浸液　每日3次，每次饮用1杯用叶片和花朵制成的标准浸液，可辅助治疗发热或轻度风湿病。每2小时饮用半杯可辅助治疗胃酸倒流或消化问题。儿童服用可缓解肠胃不适，剂量应咨询专业人士。

流浸膏　每日3次，每次服用2~5ml流浸膏，用于辅助治疗胃炎、胃溃疡或慢性风湿病。多和当归、睡菜（*menyanthes trifoliata*)或柳木混合用于辅助治疗关节炎。

外敷　可将纱布浸于已稀释的酊剂中，敷于疼痛的关节处，也可用于辅助治疗风湿病及神经痛。

如何获得

种植　推荐在全日照或稍有遮阴处种植，以肥沃、非酸性、如沼泽般湿润的土壤为佳。秋季在保温条件下播种，春季定植，植株间距60cm。或者在秋季或春季分株繁植，也可在冬季用根系来繁殖。

搜寻　在欧洲、西亚的潮湿草甸和沟渠植篱中可找到野生植株。

采收　夏季开花前采收地上部分或开花时采摘花朵。

注意　避免在妊娠期使用。对水杨酸盐（或阿司匹林）过敏者避免使用。

茴香

　　从罗马时期起，茴香就是既作香草也作蔬菜栽培的植物，它最初生长于地中海区域，公元8世纪开始传播到北欧。将茴香装入茶包制成餐后香草饮品，可以促进消化，数世纪来也一直用于鱼类烹饪。

<u>应用部位</u>　种子、根茎、叶片、精油。
<u>主要成分</u>　挥发油（包括草蒿脑、茴香脑）、必需脂肪酸、类黄酮（包括芸香苷）、维生素、矿物质。
<u>作用</u>　祛风、促进内部循环、抗炎、催乳、轻度化痰、利尿。

如何使用

<u>浸液</u>　将0.5~1平匙种子用开水冲泡作为餐后茶，可通气和促进消化。每日3次，每次服用1杯标准浸液可在哺乳期提高乳汁量。
<u>漱口水</u>　将1杯用种子制成的浸液作为漱口水，用于缓解牙龈问题或喉咙疼痛。
<u>酊剂</u>　服用0.25~0.5ml酊剂，可缓解便秘或肠绞痛。
<u>汤剂</u>　每日3次，每次饮用1杯，可缓解尿酸过高。
<u>按摩油</u>　在20ml杏仁油中加入茴香精油、百里香精油和尤加利精油各0.25~0.5ml，用其揉搓胸部，可辅助治疗咳嗽和支气管炎。

如何获得

<u>种植</u>　春季在规划的区域撒播茴香种子，间距30cm，或者移栽自播发芽的幼苗。茴香通常都非常强健，但也无法抵御严冬的极寒。球茎茴香一般作为蔬菜种植。
<u>搜寻</u>　野生品种通常生长在荒地或沿海区域，但在花园中也可以发现自播品种。
<u>采收</u>　夏季收集叶片用来泡茶，秋季采收种子可泡茶和药用。叶片枯萎后可收割根茎。

注意　非专业指导下不要服用精油。

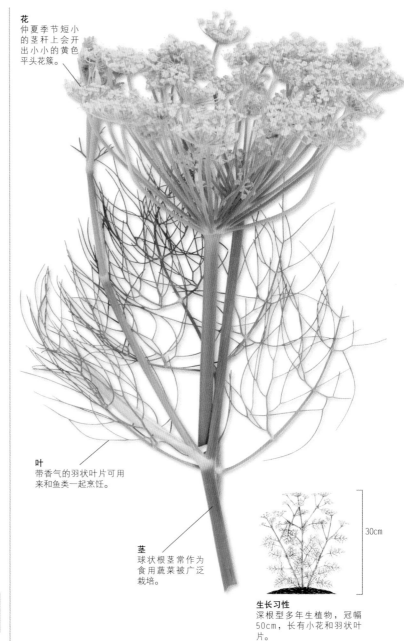

花
仲夏季节短小的茎秆上会开出小小的黄色平头花簇。

叶
带香气的羽状叶片可用来和鱼类一起烹饪。

茎
球状根茎常作为食用蔬菜被广泛栽培。

30cm

生长习性
深根型多年生植物，冠幅50cm，长有小花和羽状叶片。

野草莓

如今遍布全世界的高山草莓就源自野草莓，但比人工栽培品种更小，香气更足（后者从18世纪美国杂交品种演变而来）。野草莓能在欧洲、西亚和北美的林地和草原中找到。它的叶片和果实可药用——主要用来制作收敛功效茶。

果实
甘甜的果实可直接鲜食或制成果酱、糖浆和饮品。

白色的五瓣花会在初夏绽放，随后结出果实。

叶
在接近土表的簇生茎中长出叶片，可于夏季采收后晒干制作有收敛作用的香草茶，可辅助治疗腹泻和消化不良。

生长习性
靠匍匐茎繁殖的矮型多年生植物，夏季会长出可食用的果实，可无限扩展生长。

30cm

应用部位 叶片、果实。
主要成分
叶片：挥发油、类黄酮、单宁。
果实：果酸、水杨酸、糖、维生素B、维生素C和维生素E。
作用 收敛止血、修复创伤、利尿、通便、利胆。

如何使用

浸液 每日3次，每次饮用1杯用叶片制成的标准浸液，可缓解腹泻。
漱口水 将1杯用叶片制成的浸液用来漱口，可缓解喉咙疼痛和牙龈问题。
洗液 用叶片制成的标准浸液作为洗液用于浸浴，有助于治疗轻微烫伤、割伤和擦伤。
新鲜浆果 过去，野草莓多作为药用植物直接食用其浆果，用于辅助治疗痛风、关节炎、风湿和肺结核，亦可缓解胃炎和帮助身体康复。
汁液 每日3次，每次饮用10ml的新鲜浆果汁液，可预防感染。
膏药 将碾碎的新鲜浆果敷于晒伤处和皮肤发炎处，可起到舒缓效果。

如何获得

种植 推荐在全日照或半日照环境中种植，以湿润且排水良好、富含有机质的肥沃土壤为佳。春秋季在保温条件下播种，并稍覆土。保持土壤湿润，当幼苗长至可以徒手拿捏时移栽到花盆中。或于夏季将匍匐茎与母株分开繁殖。可作为香草花园的边界植物。
搜寻 可在树篱、多草地带和林木地区找到。
采收 夏季可采摘成熟的果实和叶片。

猪殃殃

　　猪殃殃是一种常见的花园杂草，分布于欧洲和亚洲北部、西部。在中国曾被作为蔬菜食用。猪殃殃对淋巴系统具有净化功效。

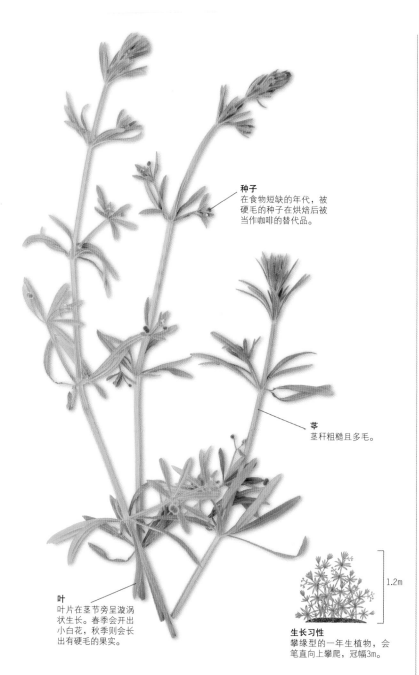

种子
在食物短缺的年代，被硬毛的种子在烘焙后被当作咖啡的替代品。

茎
茎秆粗糙且多毛。

叶
叶片在茎节旁呈漩涡状生长。春季会开出小白花，秋季则会长出有硬毛的果实。

生长习性
攀缘型的一年生植物，会笔直向上攀爬，冠幅3m。

1.2m

应用部位　整棵植株。
主要成分　类黄酮、蒽醌衍生物（提取自根茎）、环烯醚萜、香豆素、单宁、多酚酸。
作用　利尿、净化淋巴系统、收敛止血、抗氧化。

如何使用

汁液　每日最多3次，每次服用10ml新鲜汁液，可净化淋巴系统及帮助解决由腺热、扁桃体炎和前列腺炎引发的泌尿问题。
乳膏　经常使用有助于治疗牛皮癣，越早使用效果越好。
浸液　每日3次，每次服用1杯用新鲜叶片制成的标准浸液，可用于辅助治疗肾脏问题，例如膀胱炎和泌尿系统结石。通常和其他对泌尿系统有功效的香草混合使用，如西洋蓍草、药蜀葵或布枯草(*Agathosma* spp.)。
酊剂　每日3次，每次服用5ml，可作为淋巴净化剂和解毒剂，缓解淋巴结肿大问题。
外敷　可将纱布浸于标准浸液中，敷于擦伤、皮肤溃疡和发炎处，用以辅助治疗。

如何获得

种植　猪殃殃是令大部分园丁头疼的一年生杂草，其攀缘特性会使它通过灌木丛垂直攀爬至1.2m处，冠幅可达3m。人们一般不会主动栽培该植物，因为基本上任何地方都能看到其踪影。可以在秋季采集长有硬毛的果实，将其分散到下一年你希望它们生长的位置。
搜寻　从春季到秋季，猪殃殃可能攀爬在河岸边、树篱和花园边界处。整棵植株都可采收，新鲜时使用效果最佳。
采收　春末开花时是最佳采集季。

银杏

　　银杏的历史可追溯到2亿年前。银杏树是雌雄异株型，能近距离相互授粉。在传统中医里，其可食性的种子（白果）常用于治疗某些类型的哮喘。叶片在西方很受追捧，多用于改善内部循环。

<u>应用部位</u>　叶片、种子。

<u>主要成分</u>

叶片：黄酮苷、生物类黄酮、β-谷甾醇、内酯、花青素。

种子：脂肪酸、矿物质、生物类黄酮。

<u>作用</u>

叶片：扩张血管、促进内部循环。

种子：收敛止血、抗菌。

如何使用

<u>流浸膏</u>　每日3次，每次饮用1~3ml流浸膏，可辅助治疗循环系统疾病。

<u>酊剂</u>　每日3次，每次服用3~5ml，可用于辅助治疗心血管系统问题。通常和长春花、菩提花一起用于辅助治疗循环系统问题或和草木樨混合后用于辅助治疗静脉问题。

<u>汤剂</u>　每日3次，每次饮用1杯由3~4粒种子和600ml水制成的香草茶，可辅助治疗气喘、顽固性咳嗽或哮喘。银杏也能和款冬、桑叶一起混合使用。

<u>片剂</u>　用途广泛，一般建议用于缓解血液循环不畅、静脉曲张或记忆力减退。

如何获得

<u>种植</u>　大部分商业用途的银杏树都是嫁接的雄株，雌株很少见。推荐在全日照环境中种植，以肥沃、湿润且排水性良好的土壤为佳。秋季用从雌株上采集到的成熟种子播种，注意保温，或在夏季用半成熟的枝条来扦插。无须修剪。

<u>搜寻</u>　野生条件下难以搜寻到踪迹，但在公园和花园中可找到景观用途的银杏树。

<u>采收</u>　秋季收集叶片和果实。

> <u>注意</u>　避免同时服用阿司匹林或含华法林的抗凝血剂。服用过多银杏种子（白果）会导致皮肤过敏和头痛。在一些国家被限制使用。

叶
叶片具有蕨类植物特有的造型。

40m

生长习性
直立、高大的落叶乔木，冠幅20m。

洋甘草

作为地中海和亚洲西南地区的原生品种，洋甘草从古时候起就因其甘甜的滋味而被称道。罗马人将它用于辅助治疗哮喘和咳嗽。洋甘草在15世纪被传播到北欧并被广泛栽培。与其同属的亚洲品种甘草(*Glycyrrhiza uralensis*)被称为"功效香草的鼻祖"，广泛应用于中医。

叶
长7.5~15cm的羽状叶片成对排列。

花
作为豆科植物的成员，洋甘草在春季会开出如豌豆花般的淡紫色小花。

生长习性
长有椭圆形豆荚的直根系多年生植物，冠幅1m。

2m

应用部位 根。

主要成分 皂苷、甘草酸苷、雌激素、香豆素、类黄酮、甾醇、天冬酰胺。

作用 抗炎、镇痛、刺激肾上腺素分泌、通便、祛痰、降低胆固醇水平、降低胃黏膜刺激。

如何使用

酊剂 每日3次，每次服用2~5ml酊剂可辅助治疗胃炎、消化性溃疡、口腔溃疡或胃酸过多。也可将其等量加入咳嗽糖浆中。

流浸膏 每日3次，每次服用1~2ml可强健肾上腺，亦可用于帮助激素治疗后的恢复，或用作助消化剂。

汤剂 每日3次，每次饮用1杯标准汤剂可减少胃酸分泌，缓解炎症或溃疡。睡前服用1杯可缓解便秘。

糖浆 可将汤剂和等量的蜂蜜混合后制成止咳糖浆。也可与百里香、牛膝草或土木香混合后用于辅助治疗支气管炎、哮喘和胸腔感染等问题。

洗液 在50ml温水中加入1平匙酊剂作为洗液，有助于治疗皮肤炎症和刺激性皮疹。

如何获得

种植 推荐在全日照环境中种植，以较深厚、中性至碱性、排水性良好的土壤为佳。秋季或春季播种，当幼苗长至可以徒手拿捏时移栽到直径7.5cm的花盆中。

搜寻 在南欧可以野生生长，但并不推荐采集野生品种的根茎。搜集种子后可在家中栽培。

采收 秋季采集三四年生植株的根。

注意 妊娠期勿大剂量摄入。高血压及正服用毛地黄类药物的患者也要避免服用。在非专业指导情况下不可长时间持续摄入。

北美金缕梅

　　北美金缕梅最初被发现于加拿大新斯科舍省到北美佛罗里达的潮湿林区中，曾被印第安人用来治疗外伤和肌肉疼痛。如今因其具有药用功效，在秋季会开出散发浓香的花朵且极具观赏性而被广泛栽培。经过蒸馏的北美金缕梅提取液是一种常用的急救药剂。

<u>应用部位</u>　叶片、细枝。

<u>主要成分</u>　单宁、类黄酮（包括山奈酚和槲皮素）、皂苷、苦味素、挥发油（包括丁香酚和黄樟素）、胆碱、没食子酸。

<u>作用</u>　镇痛、阻止内部出血和外部流血、抗炎。

如何使用

<u>蒸馏液/纯露</u>　即商业上将叶片和嫩枝加以蒸馏析出的水和精油的混合物（有时会用酒精保存）。可用于帮助伤口止血，或作药浴用于辅助治疗静脉曲张及刺激性皮疹，也可敷于患处辅助治疗扭伤或缓解眼睛干涩症状。

<u>浸液</u>　每日3次，每次服用1杯用叶片制成的标准浸液，可辅助治疗腹泻、痔疮或毛细血管脆化。

<u>漱口水</u>　用1杯由叶片制成的标准浸液漱口，可辅助治疗喉咙痛、口腔溃疡、扁桃体炎、咽炎和牙龈出血。

<u>酊剂</u>　在50ml水中加入5ml由树皮制成的酊剂，可用来替代北美金缕梅蒸馏液。

<u>乳膏/药膏</u>　可用于辅助治疗擦伤、瘀伤、痔疮或静脉曲张。

如何获得

<u>种植</u>　推荐在半遮阴环境中种植，以湿润、肥沃、沙质的土壤或泥炭土为佳。也可以耐受全日照和贫瘠土壤。秋季在保暖环境中播种成熟的种子。但种子发芽非常缓慢，树苗在较大的花盆中长至足够大时可定植于户外。也可在夏季用软枝插条或在秋季用硬枝插条扦插繁殖。

<u>搜寻</u>　可在北美东部地区的森林中找到野生的北美金缕梅。不推荐从野生树木上采集树皮，以免伤害树木。

<u>采收</u>　夏季采收叶片，秋季采收树皮，树木休眠时采收嫩枝。

细枝
用细枝熬煮的汤剂和以叶片制成的浸液有同样的用途。

4m

生长习性
落叶小乔木或灌木，冠幅4m。

鱼腥草

　　这种植物曾被用作解毒剂，其日文名的意思为"毒素阻截剂"。在中国，它被称为鱼腥草，意思是"闻起来像鱼腥味的植物"，常用于烹饪。它是日本最流行的药用功效香草，通常用作净化剂和解毒剂。

花
初夏在白色苞片上会开出黄色的小花，仲夏凋落，这时即可采收根茎。

叶
叶片可以放入沙拉拌食，或做成天妇罗。

在日本，带有香气的心形叶片是制作鱼腥草茶的原料。

生长习性
生命力旺盛、带有地下茎的多年生植物，冠幅不定。

30cm

应用部位　叶片、根茎。
主要成分　类黄酮（包括槲皮素和金丝桃苷）、萜烯（包括柠檬烯和莰烯）、芳樟醇、谷甾醇、钾盐、挥发油（包括癸醇、乙醛）。
作用　利尿、抗菌、通便、抗尿路感染、抗炎、止咳、修复创伤。

如何使用

酊剂　每日3次，每次服用10ml酊剂可用于缓解尿路感染或泌尿系统疼痛。对于严重或持续的泌尿系统症状，应及时就医，避免潜在的肾脏损伤。
浸液　每月1次，每次服用1~2杯用新鲜香草制成的标准浸液，有助于帮助身体排毒。
糖浆　在600ml含有等量鱼腥草和桔梗花的浸液中加入250g蜂蜜，每日服用4~5次，每次5ml（1平匙），可缓解浓痰性咳嗽。
汤剂　将整株植物制成标准汤剂，每日服用1~2次，有助于治疗疔疮和脓肿。
洗液/药膏　清洗或涂抹于割伤、擦伤、粉刺、疔疮、脚气或昆虫叮咬处。

如何获得

种植　推荐在全日照或半遮阴环境中种植，以潮湿、肥沃的土壤为佳，也能适应干燥环境，寒冷地区的冬季可能需要对植株进行防护。夏季在育苗穴中播种，然后移栽入花盆中，第二年春季移入定植位置。根系具有侵略性。
搜寻　原生于中国、日本、老挝和越南的湿地和沼泽边。在北美和澳大利亚被归为外来侵略性植物。
采收　夏季在花后割下。

注意　这是一种寒性的功效香草，因此体寒者避免食用。

啤酒花

从11世纪起，啤酒花的球果或雌花就被用来酿制啤酒，罗马人还将它用作沙拉香草。啤酒花原产于欧洲，口味苦涩但具有镇静效果，可缓解情绪低落和消化问题。

花
因是雌雄异株植物，雄花和雌花会生长在不同的植株上。雄花小巧呈绿色，成簇生长。而较大的雌花在柔软的绿色苞片下长有常见的球果。

叶
深裂的叶片边缘呈锯齿状。

用雌花制成的浸液曾用来制作面包，可让面团保持色泽，更加蓬松。

7m

生长习性
生命力旺盛、茎节间长有硬刺的落叶型多年生攀缘植物。

应用部位 球果（雌花）。
主要成分 苦味素（包括葎草酮和缬草酸）、单宁、挥发油（包括蛇麻烯）、雌激素物质、天冬酰胺、类黄酮。
作用 镇静、修护神经系统、清火、助消化、利尿、催眠、收敛止血。

如何使用

酊剂 每日3次，每次服用1~2ml，可用于缓解神经紧张、焦虑，以及消化不良和食欲不振，还能缓解肠道痉挛及肠绞痛。
浸液 在每杯沸水中加入2~4个新鲜球果，浸泡5分钟，并在临睡前30分钟服用，可缓解失眠。也可使用干燥的啤酒花（存放时间越长，效果越差）。
洗液 可将用新鲜或干燥啤酒花制成的标准浸液用作辅助治疗慢性溃疡、皮疹或创口的洗液。
外敷 在120ml水中加入10ml酊剂，将纱布浸泡其中并敷于静脉曲张性溃疡处，有助于缓解症状。

如何获得

种植 推荐在全日照或半日照环境中种植，以肥沃、排水性良好的土壤为佳，需要藤条或棚架来辅助攀爬。15℃以上的春季可在育苗穴中播种，并移栽到定植位置。冬季可修剪老枝条。
搜寻 可在灌木丛或荒地找到野生品种。植株可能会自播于商业栽培区外，可搜集雌花。
采收 夏季收集球果。

注意 抑郁症患者不可服用。生长中的植株可能会导致接触性皮炎。大量采收会破坏植株的生长周期。

金印草

金印草原生于北美的高山林区，曾被印第安人用来治疗百日咳，以及肝脏和心脏问题，如今主要用于辅助治疗泌尿系统问题和由黏膜引发的炎症。在20世纪，过度采摘导致金印草成为了濒危物种。

应用部位　地下茎。

主要成分　生物碱（包括黄连碱、氢化小檗碱和小檗碱）、挥发油、树脂。

作用　滋补、助消化、帮助胆汁分泌、抗炎、抗菌、通便、抑制胃出血及内出血、助产。

如何使用

酊剂　每日3次，每次服用0.5~2ml，可辅助治疗黏液性结肠炎、肠胃炎，或作为利胆剂促进消化，也有助于控制月经过多及产后出血。

漱口水　在100ml温水中加入2~3ml（40~60滴）酊剂作漱口水，有助于治疗口腔溃疡、牙龈出血、喉咙疼痛和发炎症状。

胶囊　每日3次，每次服用1粒300mg的胶囊可帮助消炎、抗感染。和小米草粉混合服用可缓解花粉症。

如何获得

种植　推荐在半遮阴环境中种植，以湿润、排水性良好的略酸性至中性土壤为佳。种子成熟后时可于保温条件下在小花盆中播种，在植株足够大移栽到更大的花盆中。也可于秋季分根繁殖。

搜寻　这是列入CITES（濒危野生动植物国际贸易公约）名单中的植物，因此不能从野外采收。

采收　秋季可挖掘成熟植株的根茎并风干待用。

注意　会刺激子宫，因此不要在妊娠期和哺乳期服用。高血压患者也应避免服用。长时间连续使用会抑制维生素B的吸收。

叶
叶片成对生长，宽度可达10cm。

果实
花朵和果实会单独出现在枝条的顶部，春季当叶片展开时花朵就会出现。

30cm

生长习性
长有地下茎的落叶型多年生植物，冠幅15~30cm。

贯叶连翘

贯叶连翘原生于欧洲和亚洲的温带地区，数个世纪以来一直被认为是治疗创伤的灵丹妙药，也被用来辅助治疗癔症和精神病。如今贯叶连翘在欧洲部分国家被用于辅助抑郁症的治疗。

花
夏季在花朵完全开放后采收头状花序。

叶
在日光照射下，小叶片上会覆盖一层密的小孔——这其实是它的毛囊。

生长习性
直立紧凑的多年生植物，冠幅1m。

1m

应用部位 地上部分、头状花序。
主要成分 金丝桃素、类黄酮（包括芸香苷）、挥发油、单宁、树脂。
作用 收敛止血、止痛、抗病毒、抗炎、镇静舒缓神经系统、修复创伤。

如何使用

浸液 每日3次，每次服用1杯用地上部分制成的标准浸液，可缓解焦虑、易怒或更年期综合征。
酊剂 每日3次，每次服用2~5ml酊剂，可缓解精神紧张。儿童每晚服用5~10滴酊剂对防止尿床很有帮助。
洗液 可将1杯用地上部分制成的浸液用来清洗创口、皮肤疼痛处或淤青处。
浸泡油 每日涂抹2~3次，可用于轻微烧伤、晒伤、割伤或擦伤。用其轻柔按摩可缓解关节痛和肌腱炎，也可缓解神经痛。可将5ml的浸泡油与不超过10滴的薰衣草或西洋蓍草精油混合使用以提升功效。

如何获得

种植 推荐在全日照环境中种植，以排水性良好的碱性土壤为佳。秋季或春季在育苗穴中播种，当幼苗长至可以徒手拿捏时定植。春季或秋季可将成簇的植株进行分根繁殖。
搜寻 经常可以在灌木丛中发现野生品种，很容易与一些近亲品种混淆。
采收 在开花前采集整棵植株，或在仲夏采集顶端的花朵。

注意 避免在妊娠期服用。可能会导致胃肠道紊乱和过敏反应。会和许多处方药和口服避孕药产生冲突。具感光性，用后避免太阳直射。

神香草

　　神香草最早被发现于地中海的多岩石区域，如今在世界的大部分地区都有栽培，是一种花园地被景观植物，也可作为芸薹属植物的防护植物驱赶蝴蝶。神香草可添加到风味炖菜中，也能辅助治疗咳嗽和感冒。

花
仲夏时开花，需要分开采收，经常和新鲜药蜀葵和毛蕊花混合制成糖浆。

叶
带叶片的小枝条可用于炖菜、炖肉或与百里香、迷迭香扎成小束一起加入菜肴中。

生长习性
半常绿灌木，冠幅60~90cm。

60cm

应用部位　地上部分、花朵、精油。
主要成分　挥发油（包括樟脑和松莰酮）、类黄酮、萜烯（包括苦薄荷素）、海索叶素、单宁。
作用　祛痰、祛风、发汗、抗炎、止痉挛、缓解高血压、调整月经周期，以及一些经过证实的抗病毒功效（例如单纯疱疹）。

如何使用

浸液　每2小时饮用半杯加热后的标准浸液，可辅助治疗感冒或在流感早期阶段促进排汗。
酊剂　每日3次，每次服用2~4ml酊剂，有助于治疗胀气或肠绞痛等疾病，特别是由焦虑引起的症状。
糖浆　将600ml以整棵香草（或只用花）制成的浸液和450g蜂蜜混合制成糖浆，有助于治疗咳嗽和消炎，每次服用5ml。可与款冬、百里香或毛蕊花混合使用。
按摩油　将15ml神香草浸泡油和百里香及蓝桉精油各2滴混合后用于按摩胸部，可辅助治疗慢性支气管炎和急性支气管炎。

如何获得

种植　推荐在全日照环境中种植，以肥沃、中性至碱性的土壤为佳。秋季或春季播种于育苗穴中，幼苗长大后定植于最终位置，株距可达90cm。开花后略修剪，并在春季进行大范围的修剪。
搜寻　除地中海地区之外很难找到野生品种。
采收　夏季收集叶片和花苞，生长季节可采收枝条。

注意　高剂量使用神香草精油会引发癫痫，只能在专业指导下使用。妊娠期避免接触。

土木香

　　土木香原生于欧洲和西亚地区的林地和多草区域，如今被广泛用于帮助治疗咳嗽和呼吸问题。古时候，土木香被视为一种万灵药：罗马人将其用于治疗消化不良和坐骨神经痛，撒克逊人用其来治疗皮肤病、麻风病和由惊吓而产生的疼痛。

应用部位　根系和地下茎。

主要成分　菊粉、土木香脑、挥发油（包括甘菊环和倍半萜内酯）、甾醇、生物碱、黏液。

作用　滋补、祛痰、发汗、抗细菌、抗真菌、杀寄生虫。

如何使用

汤剂　每日3次，每次服用1杯以新鲜根茎制成的标准汤剂，可辅助治疗支气管炎、哮喘和上呼吸道感染。同时它也能缓解花粉过敏。如果需要也可用1平匙蜂蜜来增加甜度。

酊剂　每日3次，每次服用3~5ml酊剂，可辅助治疗支气管炎等慢性呼吸道问题。

糖浆　将300ml汤剂（用新鲜根系制成最佳）与225g蜂蜜混合制成咳嗽糖浆，每次服用5ml，可辅助治疗咳嗽带痰或缓解花粉过敏。

如何获得

种植　推荐在全日照环境中种植，以湿润且排水性良好的土壤为佳。秋季在保温条件下播种，当幼苗长大后定植于最终位置，株距90cm。也可在春秋季通过分根繁殖。植株的根系很深，一旦长成，很难连根拔除。夏季会开花。

搜寻　尽管经常能在灌木丛和草地发现野生品种，但很难挖掘采集。

采收　夏季可采收鲜花，并能用其制作咳嗽糖浆。秋季挖掘根系，切碎后置于高温处迅速风干。

注意　妊娠期和哺乳期避免使用。

花
在中国，相关品种的花朵（旋覆花）被用于制作咳嗽药。

叶
亮绿色的大叶片长达70cm，边缘柔软多毛。

2m

生长习性
高大直立、长有地下茎的多年生植物，冠幅1.5m。

茉莉

茉莉原生于印度、巴基斯坦和中国的部分地区，一直被作为一种花园观赏植物而广泛种植，也被栽培来提取有镇静和抗抑郁功效的精油。其近种西班牙茉莉（*Jasminum grandiflorum*）在印度被称为"迦提"，花语的意思是爱与慈悲。

茉莉花精油是从花朵中提炼出的，生产过程十分复杂和漫长，因此非常昂贵。

花
花朵会在夏季至初秋开放，除了用来制作精油外，还可用来制作浸液。

茎
茎可长达12m，上面长有亮绿色小叶片。

12m

生长习性
有茎木质化，盛开香气浓郁的白色五角星状小花的直立或攀缘植物。

应用部位 花朵、精油。
主要成分 生物碱（包括茉莉宁）、挥发油（包括苯甲醇、芳樟醇和乙酸芳樟酯）、水杨酸。
作用 催情、收敛止血、镇定神经、镇痛、催乳、抗抑郁、防腐抗菌、止痉挛、保护子宫、助产。

如何使用

浸液 将4~6朵新鲜花朵放入1杯开水中浸泡5分钟，每日饮用2~3次，可缓解精神压力和紧张，治疗轻度抑郁。
按摩油 在5ml杏仁油中加入1~2滴精油，可缓解焦虑、失眠或抑郁。在30ml杏仁油中加入20滴精油，可用于怀孕初期及月经期间按摩小腹。
精油 在香薰炉中加入2~3滴精油给卧室增加香气，有助增加情欲。在5ml杏仁油中加入1~2滴茉莉花精油用于按摩，能帮助伴侣间增进感情。

如何获得

种植 推荐在全日照或半日照环境中种植，以肥沃、排水性良好的土壤为佳。可在花后进行修剪。尽管植株一般都会自播，但也常在夏季用半成熟枝条进行扦插繁殖。
搜寻 除原生地区以外很难找到野生品种，但在全世界都有种植。
采收 一般在傍晚花朵盛开时，也就是香气最浓烈时采集花朵。

欧洲刺柏

　　欧洲刺柏原产于欧洲、北美和亚洲的许多地区，在很长时间内都用于宗教仪式中的洗礼，历史上还记载许多庙宇将它用于燃香。如今这种功效香草主要用于辅助治疗泌尿系统疾病，提取的精油常用于按摩，能缓解肌肉和关节疼痛。

<u>应用部位</u>　果实、精油、松焦油。
主要成分　挥发油（包括月桂烯和桉树脑）、类黄酮、糖类、糖苷、单宁、维生素C。
作用　利尿、祛风、助消化、调节经期、抗风湿。

如何使用

<u>酊剂</u>　将1~2ml酊剂溶于少许水中，每日饮用3次，有助于治疗包括膀胱炎在内的泌尿系统问题，也可促进消化及缓解肠胃胀气。
浸液　将15g碾碎的果实在600ml沸水中浸泡30分钟，每日3次，每次服用0.5~1杯可辅助治疗胃部不适、胃寒或痛经。在分娩时小口啜饮有助分娩。
按摩油　在5ml杏仁油中加入10滴精油，可按摩于关节疼痛部位。
洗发液　在15ml杏仁油中加入10滴精油，然后倒入600ml热水，混合均匀后涂于头皮上的皮癣部位，保留15分钟或更长时间后充分洗净。

如何获得

种植　对环境适应性极强，可在酸性和碱性土壤，全日照、半日照和暴晒等几乎所有环境条件下生长，但无法在积水的土壤中生存。通常在春秋季播种繁殖或在秋季插条繁殖。植株长成后可移栽至定植位置。
搜寻　可在北半球温带的荒野、林区和灌木地带找到野生品种。
采收　摇晃枝条，将小球果甩落至树下铺好的布上。

<u>注意</u>　避免在妊娠期服用。长时间使用可能导致肾脏损伤，因此不要连续内服6周以上。如果服用前肾脏已受损则应避免服用。

叶
欧洲刺柏的幼枝长有针状小叶片，成熟的叶片则呈锥形（尖端逐渐变细的狭窄三角形）。

茎
茎和分枝覆盖着棕红色的薄树皮。

4m

松焦油
松焦油是由树心的木质部分干馏得到的，可用于治疗牛皮癣。

生长习性
冠幅1.5m的直立型灌木，果实需要两年才能成熟。

薰衣草

薰衣草的名字来自拉丁文的清洗（lavare），数个世纪以来，薰衣草都被用来制造有香味的沐浴液和香皂。它原生于地中海地区，如今依旧与法国南部的香水行业有着密不可分的关系，其花朵具有舒缓和镇静的功效，精油可用于缓解肌肉疼痛和帮助治疗呼吸问题。

应用部位　花朵、精油。
主要成分　挥发油（大部分为乙酸芳樟酯和桉树脑）、单宁、香豆素、类黄酮、三萜类化合物。
作用　止痉挛、调理神经系统、促进循环、抗菌、止痛、祛风、利胆、抗抑郁、止吐。

如何使用

浸液　每日最多3次，每次服用1杯用花制成的标准浸液，对精力衰竭或神经性头疼有疗效。睡前服用1杯也有助于缓解失眠。
酊剂　每日2次，每次服用5ml酊剂可缓解头疼、抑郁或精神紧张，亦有助于治疗哮喘，特别是由神经过敏或压力引发的病症。
按摩油　在10ml欧洲刺柏精油中加入1ml薰衣草精油作按摩油，可用于肌肉疼痛，揉搓于太阳穴或颈后部，可缓解神经性头痛或初期偏头痛。
洗发液　在一壶水中加入1ml精油，可用来冲洗头发防头虱。
精油　可涂抹于昆虫叮咬处或痛处，也可在50ml水中加入10滴精油制作成防晒伤的爽肤水。在纸巾上滴3~4滴精油，放于枕边有助于睡眠。梳头时在梳子上涂抹几滴精油，既可消除头虱，也能增加头发的光泽度。

如何获得

种植　推荐在全日照环境中种植，以排水性良好、较为肥沃的土壤为佳。种子发芽情况不稳定。也可在夏季通过半成熟枝条进行扦插。
搜寻　在地中海和亚洲西南部的干燥多岩石地区可找到原生品种，也可能在其他地区找到野生品种。
采收　可于夏季的清晨采收花朵。

花
通过蒸馏法从浓密的小花中提取的精油，可用于缓解肌肉疼痛和头痛。

90cm

生长习性
紧凑成丛的常绿灌木，冠幅90cm。

益母草

　　顾名思义，益母草作为一种有益女性的功效香草已经深入人心，它有帮助子宫收缩的作用，曾被用于安抚分娩期的妇女。益母草原生于欧洲的大部分地区，这种植株有着巨大的叶片，有时也作花园观赏植物栽种。它同样也可用于辅助治疗心脏问题，多用于辅助治疗心悸及提高心脏功能。

叶
独特的叶片就像狮子的鬃毛。

茎
茎直立，钝四棱形，被倒向糙伏毛。

1.2m

生长习性
长有直立的四棱形茎的多年生植物，冠幅60cm。

应用部位　地上部分。

主要成分　生物碱（包括水苏碱）、环烯醚萜（益母草碱）、类黄酮、二萜、挥发油、单宁、维生素A。

作用　刺激子宫收缩、强心、祛风、止痉挛、降血压、发汗。

如何使用

浸液　每日3次，每次饮用1杯标准浸液，有助于治疗精神焦虑、月经问题或心脏衰弱。分娩后小口啜饮以丁香调味的益母草茶可帮助修复子宫及减少出血风险。和柠檬香蜂草及菩提花混合，每杯放入2~4平匙浸液后饮用，可缓解心绞痛症状。

酊剂　每日3次，每次服用5ml酊剂，可缓解心悸、潮热、情绪不稳、心跳过快等更年期症状，也可缓解经前综合征。

胶囊/粉末　可用来替代有苦味的浸液。将1平匙益母草粉末和1平匙蜂蜜混合服用。或每日2~3次，每次服用2粒500mg的胶囊。

如何获得

种植　推荐在全日照或半日照环境中种植，以湿润且排水性良好的土壤为佳。春季在保温条件下播种，幼苗长成后再定植于最终位置，株距45cm。也可在春秋季通过分株繁殖。益母草能广泛自播，因此具有侵略性。

搜寻　可在荒地和林地边缘找到野生品种，通常也会生长于路边。

采收　夏季开花时采摘。

> **注意**　一种子宫兴奋剂，因此不可在妊娠期（分娩时可用）和月经过多时使用。心脏病患者使用时须遵医嘱。

欧当归

　　作为一种传统的春药和催情药，欧当归在古法语中的意思是"爱的伤痕"。它原生于地中海东部，如今已在世界各地广泛生长。欧当归也是一种厨用香草，多用来制作浓缩汤料。除此之外，欧当归还可温阳祛寒，多用来辅助治疗消化、呼吸和泌尿系统问题。

应用部位　根系、叶片、种子。

主要成分　挥发油（大部分为苯酞）、香豆素（包括佛手柑内酯）、β-谷固醇、树酯和树胶。

作用　轻度消炎、抗菌、止痉挛、发汗、祛痰、镇静、祛风、利尿、调节月经。

如何使用

汤剂　在900ml水中加入15g根系，小火炖煮至水量减少1/3。每日3次，每次服用0.5~1杯，对缓解消化不良、膀胱炎、风湿病、痛风、食欲不振或痛经有一定疗效。

酊剂　将1~3ml用根系制成的酊剂溶于温水中，每日服用3次，有助于治疗消化不良、食欲不振、痛经或泌尿系统问题。每2小时服用1次，可缓解肠绞痛。

漱口水　将1杯根系制成的汤剂用于漱口，有助于治疗口腔溃疡或扁桃体炎。

种子　咀嚼2~3粒种子，可缓解肠胃胀气和消化不良。

新鲜叶片和茎　切碎后放入炖菜中可给汤汁增加风味。

如何获得

种植　推荐在全日照的开放环境中种植，以肥沃、湿润、排水良好的土壤为佳，也可适应其他环境条件。初秋种子成熟时可播种，并在幼苗足够大时定植，也可在春季分根繁殖。

搜寻　有时候能找到野生品种。在生长阶段可采收叶片和种子用于烹饪。欧当归的嫩枝只在年初生发，因此经常供不应求。

采收　春季和初夏可采收叶片，夏末或秋季可采集种子，深秋可挖掘根系。

注意　避免在妊娠期服用。叶片可能会刺激皮肤。

花
仲夏时头状花序上会缀满黄绿色小花。

茎
肥厚的茎带有西芹风味，可以切碎后加入炖菜或炖肉中。

2m

生长习性
盛开黄色小花的多年生植物，冠幅90cm。

宿根亚麻

宿根亚麻和其近种亚麻(*Linum usitatissimum*)非常相似，后者是更为常用的人工栽培品种。它们都原生于欧洲，但亚麻也生长于印度及地中海地区。宿根亚麻的种子和普通亚麻子非常相似，但和后者不同的是，前者的新鲜地上部分还是一种传统草药。

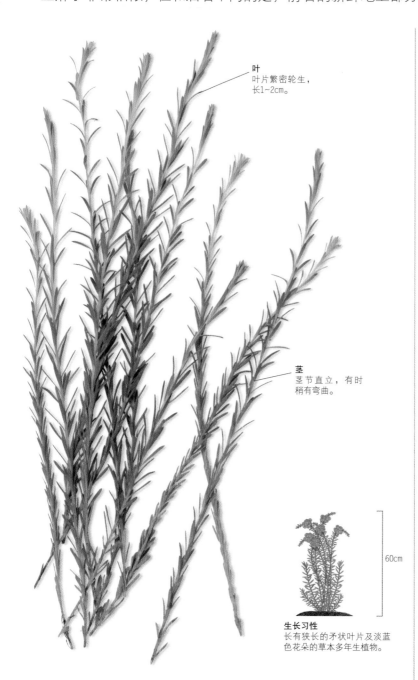

叶
叶片繁密轮生，
长1~2cm。

茎
茎节直立，有时
稍有弯曲。

60cm

生长习性
长有狭长的矛状叶片及淡蓝色花朵的草本多年生植物。

应用部位 地上部分、种子、籽油。
主要成分 黏液、亚油酸、生氰糖苷、苦味素、亚麻酸、维生素A、维生素B、维生素D、维生素E、矿物质和氨基酸。
作用 抗风湿、利尿、抗炎、镇痛、舒缓止咳、抗菌、通便。

如何使用

浸液 在600ml开水中加入60g切碎的新鲜地上部分，每日3次，每次饮用1杯，有助于治疗感冒。
膏药 种子和亚麻子用法相似：碾碎或放入粉碎机中打匀后用纱布包裹，敷于疔疮、脓疮或皮肤溃疡处。
种子 在研磨碗或食物粉碎机中碾碎30g的种子，和酸奶一起拌匀，能提供身体所需的脂肪酸，有助于治疗湿疹、月经失调、风湿性关节炎或作为动脉硬化的膳食补充。可将1~2平匙的干燥种子与谷物、燕麦或酸奶混合作为早餐食用，然后饮用1杯水或果汁，可缓解便秘。

如何获得

种植 推荐在全日照环境中种植，以排水性良好的沙质土壤为佳。早春在保温条件下的育苗穴中播种，并在最后一次霜冻后定植于室外。春季或夏末播种于室外，撒播后覆上一层薄土。移栽后株距保持25cm。
搜寻 通常会在欧洲的高海拔地区（例如阿尔卑斯山）和北部地区找到野生品种。
采收 夏季采收种子，生长季节收割地上部分用来制作浸液。

注意 种子含有少量的氢氰酸（具有毒性），因此使用时不可超过标注剂量。

枸杞

　　枸杞原生于中国，也被称为枸杞子、枸杞果，是一种灌木。在中国，枸杞的根系和果实已有超过2000年的使用历史，多用于辅助治疗肝功能衰弱或给肾脏补气，也可辅助治疗性功能障碍和眼部疾病。

应用部位　果实。
主要成分
果实：维生素、矿物质、氨基酸，及必需的脂肪酸。
树干：生物碱、皂苷、单宁。
作用　降血压、降血糖、降血脂、提升免疫功能、调养肝脏。

如何使用

新鲜浆果　可在早餐谷物或酸奶中加入30g新鲜浆果，来增加维生素和矿物质的摄入，增强体能或提高自身免疫功能。
干燥果实　可在汤或炖菜中加入30g干燥果实，或放入蛋糕和甜点中作为蓝莓的替代品。
酊剂　每日最多3次，每次服用1~2ml酊剂，可用来补充能量。
中成药　很多产品可用于补血和滋阴，但最好遵医嘱服用，如杞菊地黄丸（含有枸杞和菊花的药丸）。

如何获得

种植　推荐在全日照环境中种植，普通土壤即可，可耐受干旱。在育苗土中播种新鲜种子，深度约1cm，种子发芽前要置于温暖环境下。在幼苗长至10cm高时需间苗以防生长过于拥挤。第二年可结出果实。
搜寻　18世纪被引入欧洲，经常能在灌木丛旁发现其踪迹。
采收　秋季采收果实。用手直接采摘的话果实会褪色，因此最好用布包裹。

> **注意**　避免在妊娠期大剂量服用，小剂量用于烹饪是安全的。避免在伤风或感冒时服用，会导致腹泻或消化不良。确保购买质量上佳的枸杞。

花
夏季植物会开出淡紫色的喇叭状花朵。

叶
中部以下略宽，呈长椭圆形的叶片曾被用作茶的替代品。

3m

生长习性
外形特别、茎干多刺、生长快速的木质灌木，冠幅2m，秋季会长出红色果实。

德国洋甘菊

德国洋甘菊原生于欧洲和西亚地区，带有苹果香气，常用来制作香草茶，有助于治疗消化问题和缓解情绪低落。此外，它还是消炎类乳霜和药膏的主要原料。其近种果香菊(*Chamaemelum nobile*)也有类似的功效。

花
初夏至秋季会开出如雏菊般的花朵。

叶
叶片纤细，带有香气。

生长习性
直立成丛，冠幅10~30cm。

60cm

应用部位 花朵、精油。

主要成分 挥发油（包括蓍草油）、类黄酮（包括芸香苷）、缬草酸、香豆素、单宁、水杨酸、氰化糖苷。

作用 抗炎、镇定、止痉挛、清热、调理、止吐、祛风、抗过敏。

如何使用

浸液 服用1杯标准浸液，可缓解轻度消化问题或失眠症状。

蒸汽吸入 在一盆沸水中加入2平匙花朵或5滴精油用于蒸汽吸入，有助于治疗缓解花粉症或缓解失眠。

酊剂 每日3次，每次服用10ml用鲜花制成的酊剂，可缓解肠易激综合征或神经紧张。

浴液 在洗澡水中加入4~5滴精油，可修复外伤或滋润肌肤。在婴儿的洗澡水中加入1杯已过滤的浸液有助睡眠。

乳膏/药膏 用于昆虫叮咬、外伤或湿疹。

漱口水 在1杯温水中加入10ml酊剂，或用1杯标准浸液漱口，有助于治疗牙龈问题、口腔炎症和喉咙疼痛。

如何获得

种植 推荐在全日照环境中种植，以排水性良好的中性至略酸性土壤为佳。春秋季播种，可广泛自播。

搜寻 可在欧洲和西亚地区找到野生品种。容易和其他雏菊混淆，因此在采收前可通过其独特的香味来确认。

采收 夏季采收花朵。

> **注意** 可能会导致接触性皮炎，对菊科植物过敏者应避免使用。

草木犀

草木犀也被称为国王三叶草，原生于欧洲、北非和亚洲温带地区，多被栽培用作饲料。过去它曾被用于辅助治疗支气管炎、失眠和儿童消化问题，如今被广泛用来帮助治疗静脉循环问题，包括血栓和静脉曲张。

花
夏季会开出带有香气的黄色豆状花朵。

整棵植株都需要快速风干或立即新鲜使用，因为腐烂时会有毒素产生。

叶
椭圆形的三瓣型绿色叶片。

生长习性
直立或铺地型的二年生植物，株形细长，冠幅20~90cm。

1.2m

应用部位 地上部分。

主要成分 类黄酮、香豆素、树脂、单宁、挥发油。植株变老和腐烂时会产生双香豆素（一种抗凝血剂）。

作用 止痉挛、抗炎、利尿、祛痰、镇静、收敛止血、温和止痛。

如何使用

浸液 每日最多3次，每次饮用0.5~1杯由地上部分制成的标准浸液，有助于治疗静脉曲张、淋巴肿大、痔疮、焦虑、失眠，亦可减少血栓形成风险。关于儿童摄入剂量须咨询专业医师。

乳膏/药膏 与等量的金盏花乳膏混合后，每日涂抹3~4次，有助于治疗静脉曲张性湿疹。每日涂抹数次有助于治疗痔疮。

外敷 将纱布浸于1杯浸液中，敷于面部或肋骨神经痛处，有助于缓解症状。

洗眼液 将1杯完全过滤的浸液小火熬煮2~3分钟以杀菌消毒，晾凉后用来洗眼有助于治疗结膜炎。

如何获得

种植 推荐在全日照环境和排水性良好的中性至碱性土壤中种植，也可耐受其他环境条件。春夏季播种于指定位置，株距60cm。在理想条件下会自播。

搜寻 可于牧场边界、干燥荒地和树篱间找到野生品种。

采收 春末或夏初采集整棵植株，并趁新鲜使用。也可在花朵仍绽放时立即风干，单独采集花朵用于制作浸渍油。

注意 不可和抗凝剂一起使用（例如华法林或肝素）。大剂量使用会导致呕吐。

柠檬香蜂草

　　柠檬香蜂草原生于欧洲，也被称为蜜蜂花，得名于希腊语中的"蜜蜂"，因为它被赞誉为拥有如蜂蜜一般的作用和疗效。柠檬香蜂草能放松和调理神经系统，如今广泛用于辅助治疗焦虑、抑郁、神经紧张及某些消化问题。

应用部位　地上部分、精油。

主要成分　挥发油（包括香茅醛、芳樟醇和柠檬醛）、多酚、单宁、苦味素、类黄酮、迷迭香酸。

作用　镇静、抗抑郁、助消化、扩张末梢血管、发汗、祛风、抗病毒、抗菌、放松和修复神经系统。

如何使用

浸液　每日3次，每次服用以新鲜或干燥叶片制成的标准浸液，可缓解抑郁、神经衰弱、消化不良或恶心反胃。得水痘的儿童可服用经稀释的浸液以缓解不适。

乳膏/药膏　用于褥疮、口疮、久不愈合的外伤或昆虫叮咬处。

喷雾　在100ml水中加入1ml精油，倒入喷瓶中，喷洒于被叮咬处。

酊剂　每日3~5次，每次服用10~20滴酊剂，可缓解抑郁、神经性头疼和焦虑。最好用新鲜叶片制作。

按摩油　在15ml杏仁油中加入5~6滴精油用于按摩，可缓解抑郁、紧张、哮喘和支气管炎，也可在初现口疮症状时薄敷于患处。

如何获得

种植　推荐在湿润、排水性良好的土壤中种植，但也可耐受贫瘠土壤。春季在保温条件下播种，幼苗长大后移栽；或于春季进行分根繁殖，这样秋季就会迅猛生长。自播可能会导致侵略性生长。

搜寻　在欧洲的灌木丛或半遮阴地区都能发现野生品种或者自播的栽培品种。

采收　夏季开花时采收地上部分，生长过程中可随时采摘叶片。

叶
叶片容易和薄荷家族的其他成员混淆，但柠檬香蜂草具有独特的柠檬香气，可通过香味区分。

花
花朵会在夏季开放，深受蜜蜂的喜爱。据说将叶片揉搓于蜂房上，可以防止蜜蜂群飞现象。

1.2m

生长习性
直立、繁密的多年生植物，冠幅可达45cm，叶片带柠檬香气。

辣薄荷

全世界有超过25种不同的薄荷，其中的许多品种都因交叉授粉而产生了变种。原生于欧洲的辣薄荷就是一种典型的变种，如今它已遍布世界各地，常用作调料和用于制造香水、化妆品。

地上部分
整个地上部分都可以通过蒸馏法来获取薄荷精油。

叶
辣薄荷的叶片为两端狭窄、纤细的卵形叶片，边缘长有锋利的锯齿，覆盖着顺滑或较稀疏的绒毛。

茎
辣薄荷整体色调很暗，叶片深绿色，茎节紫色。有时也会发现颜色较浅的品种，茎节和叶片均为绿色。

90cm

生长习性
多年生草本植物，长有可快速扩张的地下匍匐茎。

应用部位 地上部分、精油。

主要成分 挥发油（大部分为薄荷脑）、单宁、类黄酮（包括木犀草素）、生育酚、胆碱、苦味素、三萜。

作用 止痉挛、助消化、止吐、祛风、扩张末梢血管、发汗、利胆、止痛、抗菌。

如何使用

泡茶 在1杯开水中加入2~3片新鲜叶片，浸泡5分钟即可饮用，适合每天餐后饮用。

蒸汽吸入 在一盆热水中加入一些新鲜枝条，吸入蒸汽可缓解鼻塞症状。

浸液 用600ml开水冲泡15g浸液，每日服用2~3次，每次0.5~1杯，可缓解恶心、消化不良、肠胃胀气或肠绞痛，也可与其他香草一起用于辅助治疗感冒或炎症。

洗液 在20ml植物油中加入30滴精油，按摩于疥疮、皮癣、疼痛的肌肉和关节处，有助于缓解症状。倒入喷瓶中可作为驱蚊水或脚部清新剂。

如何获得

种植 推荐在全日照或半遮阴环境中种植，以肥沃、湿润的土壤为佳。理想生长条件下可自播。在春夏季可通过扦插繁殖，将枝条放置于清水中水培数天能很快长出根系。通常来说，薄荷最好不要播种繁殖，它们容易杂交串种，导致后代品种不明。

搜寻 原生于欧洲和地中海地区，在北美被归为侵略性植物。通常可在湿润地区找到野生品种。

采收 开花前收割地上部分。生长季采收叶片用来泡茶。

注意 5岁以下儿童不可使用薄荷精油。

猫薄荷

猫薄荷也被称为假荆芥，顾名思义，十分受猫喜爱，尤其是幼小的植株。原生于欧洲和地中海地区，如今已在世界上的多数地区被人工栽培。这种香草可用于辅助治疗消化问题或感冒，因疗效温和而适用于儿童病症。

应用部位　地上部分。

主要成分　挥发油（包括香茅醇、香叶醇和荆芥内酯）、糖苷。

作用　止痉挛、止泻、调节月经、发汗、祛风。

如何使用

浸液　每日3次，每次饮用0.5~1杯标准浸液，有助于治疗伤风、流感、胃部不适和消化不良。可按年龄减少剂量，适用于缓解儿童肠绞痛或情绪低落。

酊剂　每日3次，每次与浸液一同服用5ml酊剂，可缓解头疼引发的消化问题。

洗肠　用最多1L完全过滤的标准浸液来洗肠，可清除结肠中的毒素及废物。

药膏　每日2~3次，涂抹于痔疮患处，有助于缓解症状。

如何获得

种植　推荐在全日照环境中种植，以湿润且排水性良好的土壤为佳。秋季在保温条件下播种，当幼苗长至可以徒手拿捏时移入直径7.5cm的花盆中。初夏可定植。春秋季可进行分根繁殖，也可在春季或初夏扦插繁殖。合适条件下，特别是在花园中无猫时会自播。可以防蚜虫、黄瓜甲虫。

搜寻　可在欧洲和亚洲的灌木丛、荒地和小路旁找到其踪迹，如今在北美已被完全驯化。

采收　夏季在植株要开花时收割地上部分。

注意　妊娠期不可食用。

花
在夏季至仲秋会开出管状的二唇形花，淡紫色缀有白色斑点。

叶
干燥的叶片可用来泡茶，能缓解许多儿童疾病，包括发热、疝气。

茎
像所有的薄荷家族成员一样，茎为四棱形。

90cm

生长习性
辛辣、多毛的多年生植物，长有灰绿色的卵形叶片，冠幅23~60cm。

月见草

月见草原生于北美，如今在全世界均有分布，既是一种花园景观植物，也因种子富含有效脂肪酸而成为一种经济作物。月见草也可用于辅助治疗多种疾病，包括皮肤病、关节炎和月经不调。

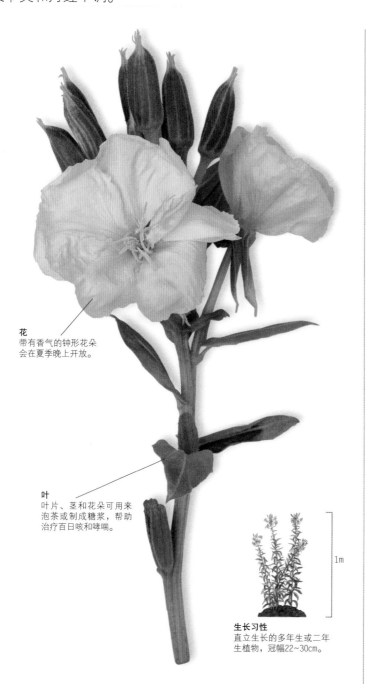

花
带有香气的钟形花朵会在夏季晚上开放。

叶
叶片、茎和花朵可用来泡茶或制成糖浆，帮助治疗百日咳和哮喘。

生长习性
直立生长的多年生或二年生植物，冠幅22~30cm。

1m

应用部位　籽油、叶片、茎节、花朵。
主要成分　种子含有必需的脂肪酸，包括γ-亚油酸。
作用
整棵植株：收敛止血、镇静。
籽油：降血压、抗凝血、降血脂。

如何使用

浸液　每日3次，每次饮用1杯由叶片和茎制成的标准浸液，可缓解包括食欲不振和腹泻在内的消化问题。
糖浆　将450g糖或蜂蜜与600ml由叶片和茎节制成的浸液一起煮沸，然后小火熬煮10分钟，按需服用5~10ml，可辅助治疗百日咳。
胶囊　商业上月见草胶囊通常将维生素E作为天然防腐剂。每日服用500mg或遵从包装上的剂量说明，普遍用于辅助治疗更年期问题、包括牛皮癣和湿疹在内的皮肤病，以及风湿性关节炎。籽油一般会和鱼油混合作为抗衰老药物，遵包装说明服用。
乳膏/子油　每日2~3次，涂抹于干燥、开裂的肌肤，有助于缓解症状。

如何获得

种植　推荐在全日照环境中种植，以贫瘠至适度肥沃、轻质、排水性良好的土壤为佳，也可耐受干燥环境。春季在保温条件下播种，或在夏末初秋时直播。
搜寻　世界上大部分地区都有野生品种，通常可在干燥、多石的荒地找到。
采收　第二年当花茎出现时可采收叶片和茎。采收成熟的种子。

注意　癫痫病患者不可使用月见草精油。

竹节参

竹节参最早被发现于日本的多山林区，它和几个近种都可药用，并广泛用于辅助治疗咳嗽。竹节参和世界著名的高丽参(*Panax ginseng*)、西洋参(*Panax quinquefolius*)一样，都是重要的补气良药。中国的三七(*Panax pseudo-ginseng*)可用来控制出血。

果实
春季会长出开着黄绿色花朵的伞状花序，而后会结出起初为绿色，成熟后变成红色的果实。

叶
在直立茎上会长出5片羽状复叶。

60cm

生长习性
长有带香气的根茎和亮绿色叶片的多年生植物。

应用部位 根茎。
主要成分 皂苷、甾体糖苷、甾醇、挥发油。
作用 祛痰、滋补、解热。

如何使用

药片/胶囊 可作为高丽参的替代品，但滋补功效会有所减弱。每日服用600mg。

汤剂 最近的研究表明，竹节参对免疫系统有缓解刺激的作用。将10g根茎放入600ml水中，小火熬煮20分钟。每日2~3次，每次服用0.5~1杯汤剂，可辅助治疗复发性感染或作为常规免疫药剂。此汤剂在日本民间也用于非胰岛素依赖型糖尿病和肥胖症的辅助治疗。

糖浆 在600ml标准汤剂中加入450g糖，煮沸后小火熬煮5~10分钟。每次服用1平匙，有助于缓解咳嗽带痰。

如何获得

种植 在保温条件下的遮阴处播种已成熟的种子，种子发芽速度很慢且出芽率不高，当小苗长至可以徒手拿捏时移栽至直径7.5cm的花盆中，并在第一个冬季继续种植于有保温条件的遮阴环境。夏末定植到湿润且排水性良好的遮阴处。春季进行分根繁殖。

搜寻 除原产地外很难找到野生品种。

采收 植株根系至少要生长4年才可于秋季挖掘。

注意 避免在妊娠期使用。不要和含咖啡因的饮料一起服用。

西番莲

　　西番莲原生于美国东部的林区，被许多印第安人用于治疗肿胀、真菌感染，也被用来补血。如今它作为一种天然镇静剂，用于缓解帕金森症和儿童多动症。

应用部位　叶片和茎。
主要成分　类黄酮（包括芸香苷和芹黄素）、氰化糖苷、生物碱、皂草苷。
作用　镇痛、止痉挛、清热、降温、降血压、镇静、调理心脏、舒张血管。

如何使用

浸液　每日3次，每次服用1杯用等量的西番莲花和红树莓叶制成的标准浸液，可缓解痛经。临睡前将半平匙干花在1杯沸水中浸泡15分钟后服用可缓解失眠。痛经或神经性头疼需每日服用3次。西番莲浸液也适用于辅助治疗儿童多动症，但需降低剂量。
酊剂　每日3次，每次服用2~4ml，可缓解精神紧张、压力过大所引发的高血压，亦可减少梅尼埃病的发病概率。
流浸膏　每日2次，每次将2ml流浸膏溶于水后服用，可缓解带状疱疹所引发的疼痛和牙疼。
药片/胶囊　早晚服用1~2片200mg的片剂或胶囊，可缓解焦虑、紧张和神经性头疼。

如何获得

种植　推荐在贫瘠、略酸的沙质土壤中种植。春季在18~21℃时于育苗穴中播种，并在幼苗足够大时移入直径7.5cm的花盆中，在夏季定植于最终位置。或于夏季用半成熟枝条扦插繁殖。植株在冬季需要保护。
搜寻　很难在原生地以外的地区找到野生品种。果实可食，可在夏季采摘，适合制作果酱或果冻。
采收　植株开花或结果时采集地上部分。

注意　可能引起嗜睡。

花
每朵花都长着细小的冠状纹并在夏季开放。

叶
浅裂的叶片曾被印第安人用作治疗肿胀的膏药。

9m

生长习性
长有华丽花朵和卵形果实的多年生攀缘植物。

长叶车前草

　　长叶车前草及其近种普通车前草(*Plantago major*)都是最常见的欧洲野草，从人行道的裂缝处到树篱旁，几乎随处可见。这种植物也可在亚洲的温带地区见到，并被引入北美和澳大利亚。在民间传统中，车前草还是一种急救草药。

叶
长长的羽状叶片可捣碎成膏药或榨成舒缓型的汁液，用于辅助治疗黏膜红肿。

花
高高的花茎和花朵是野生花园里的独特景致，会吸引蝴蝶和飞蛾前来。

生长习性
叶片细长的多年生植物，造型就像莲花宝座。

40cm

应用部位　叶片。
主要成分　类黄酮、环烯醚萜、黏液、单宁、矿物质。
作用　舒缓祛痰、修复黏膜、抗炎、止痉挛、止血。

如何使用

酊剂　每日3次，每次服用3~5ml酊剂，有助于治疗炎症或消化问题，如胃炎和肠易激综合征。
汁液　将新鲜叶片榨汁，每日3次，每次服用10ml，可缓解膀胱炎、腹泻和肺部感染。也可涂于外伤和疼痛处。
浸液　每日3次，每次服用1杯标准浸液，可帮助消炎。或用来漱口，缓解喉咙疼痛。
糖浆　在300ml浸液中加入225g蜂蜜制成糖浆，每次服用5ml，可缓解喉咙疼痛或咳嗽带痰。
膏药　将新鲜的叶片研磨成糊状，涂抹于经久不愈的外伤和慢性溃疡处。或将新鲜叶片置于昆虫叮咬处和刺痛处，有助于缓解症状。

如何获得

种植　推荐在全日照或半日照环境中种植，以湿润、贫瘠至适度肥沃的土壤为佳。通常被视为一种花园自播野草。春季可撒播于想要的位置，或在保温条件下种植于直径7.5cm的花盆中，幼苗长大后可定植于室外。花朵通常会在第二年长出，从初春至霜冻前，但自播能力很强，容易侵略性生长。
搜寻　可在荒地、树篱、路边和多草地带找到野生品种。最好采收生长于远离交通要道的植株以防被污染。
采收　可在夏季采收叶片。

车前草

　　黑色的车前草及其近种——乳白色的圆叶车前草都是治疗便秘的非处方药剂。车前草原生于地中海地区，而圆叶车前草原生于印度和巴基斯坦。它们的种子遇水会产生黏液，因此被用作轻度泻药。

应用部位　种子。
主要成分　黏液、不挥发油（包括亚麻油酸、油酸和棕榈酸）、淀粉、维生素、矿物质。
作用　镇痛、通便、止泻、抗炎。

如何使用

浸渍　将2勺种子放入1杯温水中浸泡过夜，第二天一早服用可缓解便秘。也可用果汁调味或与谷物、酸奶拌匀食用，会更美味。在食用种子后需饮用水或果汁以确保其被完全吞咽。
膏药　将1平匙车前草种壳和半平匙赤榆粉混合，加入一点水调制成糊状，涂抹于疔疮或脓疮处，有助于缓解症状。
粉末　种壳通常被制成粉末出售。将半平匙种壳粉末筛入1杯水中，每日服用3次，可缓解腹泻及帮助降低血液中胆固醇水平。

如何获得

种植　推荐在全日照、排水性良好的土壤中种植。在育苗土表面撒播种子，保持15~21℃，当幼苗长至可以徒手拿捏时，于初夏移栽至最终位置。植株种下后60天即可开花，但需要高温气候才能结出种子。
搜寻　在欧洲南部、北非和西亚的荒地及干燥的灌木丛中可找到野生品种。车前草和圆叶车前草如今已被广泛商业化栽培。
采收　夏末或初秋采集成熟种子。

注意　服用时应注意不超过标注剂量并大量饮水。尽管被推荐用于辅助治疗肠易激综合征，但也可能导致情况恶化，因此使用时需要注意。间隔1小时后才可服用其他药物。

头状花序
夏季开出的白色花朵可和黑色种子一起做成胶囊。种子和种皮都可用来制作治疗便秘的非处方药剂。

叶
狭长的线形叶片可长达10cm。

40cm

生长习性
叶片披针形，开白色小花的一年生植物，冠幅30cm。

桔梗

　　桔梗最早于《神农本草经》——中国现存最早的中药学著作中就有记载。桔梗原产于东亚，在传统中医里是辅助治疗呼吸问题的草药。西方则更多作为一种花园景观植物栽种。

花苞
硕大、膨胀的花苞就像一个气球，会在夏季开出钟形的花朵。

花
除了最常见的白色或蓝色花朵外，还有粉色重瓣品种，可作为花园的景观植物。

叶
绿色的卵形叶片，长度为5~10cm，叶背处覆有绒毛。

生长习性
直立成丛的多年生植物，冠幅30cm。

90cm

应用部位　根。

主要成分　皂苷、豆甾醇、菊粉、桔梗皂苷。

作用　抗真菌、抗细菌、祛痰、降血糖、降低胆固醇水平。

如何使用

汤剂　每日3次，每次饮用1杯用根制成的标准汤剂，可缓解咳嗽带痰和感冒引发的喉咙疼痛。

糖浆　将450g糖或蜂蜜与600ml汤剂一起煮沸后小火熬10分钟，每次服用5~10ml，可缓解支气管炎和其他咳嗽痰多的症状。服用2~3天后，如果情况没有改善，则需寻求专业医治。

专利药剂　包括一系列传统中医里的药剂和粉末，例如桑菊饮（一种还含有桑叶和菊花的汤剂），可用于辅助治疗咳嗽、支气管炎和一些早期的发热症状。

漱口水　每日2~3次，每次使用1杯汤剂漱口，可治喉炎和喉咙疼痛。

如何获得

种植　推荐在全日照或半日照环境中种植，以排水性良好的地点为佳。春季或初夏在保温条件下播种，当幼苗长至可以徒手拿捏时移栽至直径7.5cm的花盆中。在植株更大时定植于最终位置。

搜寻　尽管经常会有自播的植株，但很难在除中国和日本以外的地区找到野生品种。

采收　秋季可挖掘成熟植株的根系。

注意　血液黏度过高时避免服用。

夏枯草

　　夏枯草原产于欧洲和亚洲，有很好的自我修复功能，是一种有名的止创草药，多用于帮助修复创口和调理皮肤，它的花朵在传统中医里是一种重要的肝部保护剂。

应用部位　地上部分、花朵。

主要成分　类黄酮（包括芸香苷）、维生素A、维生素B_1、维生素C、维生素K、脂肪酸、挥发油、苦味素。

作用

地上部分：抗菌、降血压、利尿、收敛止血、修复创伤。

花冠：利肝、降血压、抗菌、退热。

如何使用

酊剂　最好使用新鲜采摘的叶片和茎来制作。每日3次，每次服用5ml酊剂，可缓解包括月经过多、尿血或外伤在内的各种出血症状。

漱口水　在1杯沸水中放入0.5平匙干燥的夏枯草并待其冷却，可用于缓解牙龈出血、口腔炎症，以及喉咙疼痛。

浸液　每日3次，每次饮用1杯由穗状花序制成的标准浸液，可缓解易怒引发的肝部问题、过度兴奋、高血压、头疼及小儿多动症（儿童使用剂量需咨询医师）。通常会和野菊花及其他中医常用草药混合用以医治肝病。

膏药　将新鲜叶片敷于外伤处。

乳膏/药膏　用于缓解痔疮流血。

如何获得

种植　推荐在全日照或半日照环境中种植，以湿润、排水良好的土壤为佳，但也可适应大部分其他环境。春季在保温条件下播种，并在幼苗长大后移栽。也可于春秋季进行分根繁殖。自播会导致侵略性生长。

搜寻　这是一种遍布欧洲和亚洲大部分地区的常见野草，生长于路边和阳光直射的草地。

采收　初夏采集叶片和茎节，或于夏末花苞绽放时采集花朵。西方常会在开花前采集嫩枝。

穗状花序
夏枯草的花穗可用于辅助治疗肝部问题，中医多用来辅助治疗多动症、眼疾和情绪不稳。

花
亮紫色的花朵会在夏季开放，能给草地和花园带来一抹亮色。

叶
叶片和嫩枝可在开花前采收，用来制作外伤药或辅助治疗月经过多。

50cm

生长习性
通常作为多年生地被植物栽培，冠幅不定。

黑醋栗

　　黑醋栗原产于欧洲和亚洲的温带地区，被广泛栽培用于榨取果汁和作为食物添加剂。果实含有丰富的维生素C，叶片利尿。

叶
黑醋栗的叶片可刺激肾上腺皮质醇的产生，因此能帮助刺激交感神经系统。

果实
果实的维生素C含量很高，通常用来制作糖浆，可预防感冒和伤风。

一株成熟的黑醋栗一个夏季可生产大约5kg果实。

生长习性
小型多年生落叶灌木，冠幅1.5~2m。

1.5m

应用部位 叶片、果实。
主要成分
叶片：挥发油、单宁。
果实：类黄酮、花青素、单宁、维生素C、钾元素。
种子：必需脂肪酸包括γ-亚油酸。
作用 收敛止血、退热、利尿、抗风湿。

如何使用

浸液 可在发热传染和感冒的早期阶段服用0.5~1杯标准浸液，用以缓解症状。

胶囊油 富含γ-亚油酸的黑醋栗子油胶囊有销售，可作为月见草油的替代品，用于辅助治疗湿疹、月经不调、关节炎等。遵包装说明服用。

汁液 每日3次，每次服用10ml汁液（最好是新鲜制作不加糖的汁液），可缓解腹泻和消化不良，也可为防止流感或肺炎的传染。

漱口水 每日2~3次，每次用1杯浸液漱口，可缓解喉咙疼痛和口腔溃疡。

酊剂 将5ml用叶片制成的酊剂溶于少许水中，每日服用3次，可增加高血压情况下的体液排出量。

如何获得

种植 推荐在全日照、肥沃、排水性良好的土壤中种植，但也可适应其他环境。通常在秋季通过扦插枝条来繁殖，于初冬或来年3月定植于最终位置。栽种于室外时需要比盆栽时深5cm，须常浇水并勤拔野草。

搜寻 尽管常会生长于灌木丛边，但在欧洲很难找到野生品种，在美国也面临同样的情况（可能会导致锈菌，因此美国部分州禁止栽种）。

采收 仲夏采收成熟果实，生长季可一直采摘叶片。

野玫瑰

　　野玫瑰原产于欧洲、西亚和非洲西北部，如今遍布北美和新西兰，被视为一种具有侵略性的杂草。野玫瑰的果实富含维生素，特别是维生素C，能用来制作糖浆和果冻。

应用部位　果实（蔷薇果）、叶片。
主要成分　维生素、类黄酮、单宁、葡萄多酚、类胡萝卜素、挥发油。
作用　收敛止血、利尿、抗炎、通便。

如何使用

糖浆　常被加入咳嗽药水中以提升口感。在300ml果实制成的浓烈汤剂（将标准汤剂慢慢熬煮至体积减少一半，然后用细网筛或纱布过滤果核上的绒毛）中加入225g蜂蜜，每次服用5ml。

酊剂　每日3次，每次服用5ml蔷薇果酊剂，有助于治疗腹泻、胃炎，并可利尿及缓解疝气导致的绞痛。

新鲜果实　成熟的蔷薇果可作为膳食补充（在食用前去除果核），常被用来烘焙甜品或加入果冻里，常和苹果一起搭配。

浸液　浸泡叶片可做令人愉悦的香草茶，适合每日饮用。

如何获得

种植　通常以夏季扦插嫩枝的方式来繁殖，在条件成熟时会自播。野玫瑰生长迅猛，具有侵略性。它几乎可在除了沿海地区以外的任何地区茁壮生长，喜全日照或半遮阴处，适宜在排水良好又湿润的土壤中生长。常被栽培作为树篱隔断。

搜寻　可在灌木丛、路边和荒地找到野生品种。秋末可采收从植株上掉落的果实。如果采摘过早，果实可能非常坚硬并需要烹饪后才能食用。

采收　秋季采集已成熟的亮红色蔷薇果，可在任何时段采摘叶片用于泡茶。夏季可采摘花瓣用于制作果酱和果冻。

花
白色或粉色的花瓣不作药用，但可以做果冻、蜜饯或混合香料。

叶
锯齿状的黄绿色叶片可用来制作美味的草本茶。

茎
强健的枝干或攀缘型的茎节上长有尖锐的倒刺。

5.5m

生长习性
生长快速的落叶灌木，冠幅3m。

大马士革玫瑰

大马士革玫瑰原产于西亚，在13世纪被引入欧洲，如今被证实是法国蔷薇和麝香玫瑰的杂交品种。大马士革玫瑰油主要是在保加利亚和土耳其由蒸汽蒸馏萃取的，对肌肤和精神都有良好的效用。

花
花瓣可制作具有收敛作用的酊剂，可用于缓解喉咙疼痛，并可给其他药剂调味。

尖刺
尖刺非常锋利。

生长习性
蔓生型的落叶灌木，冠幅1.5m。

2.2m

应用部位 花朵、精油、纯露。
主要成分 香叶醇、橙花醇、香茅醇、香叶酸（玫瑰油含有大约300种化学成分，其中100种已被识别）。
作用 镇静、抗抑郁、抗炎、降低胆固醇水平、收敛止血。

如何使用

按摩油 在5ml杏仁油中加入1滴玫瑰精油，按摩太阳穴和脖子，可消除压力，减轻精力衰竭。
药浴液 在洗澡水中加入2滴玫瑰精油，可缓解抑郁、情绪低落或失眠。
乳膏 从花瓣中提取制作，或在基础面霜中加入几滴玫瑰精油，对干燥皮肤或皮炎有疗效。
洗液 玫瑰水——蒸馏提纯过程中产生的副产品（纯露），可用于制作基础洗护液。在玫瑰水中加入10%斗篷草酊剂可用于缓解私处瘙痒；或混合等量的金缕梅萃取液，用作消除皮肤痘印或粉刺的收敛水。
酊剂 服用1~2ml以玫瑰花瓣制成的酊剂，可缓解神经紊乱、食欲不振及帮助降低胆固醇水平。

如何获得

种植 推荐在生长季节至少有5小时直射阳光处种植，以肥沃、湿润且排水良好的土壤为佳。也可适应亚热带气候。通常在秋季以扦插成熟枝条的方式繁殖。
搜寻 常在灌木丛旁发现野生品种。
采收 夏季可采收花朵。

注意 避免在妊娠期使用。非专业指导下勿内服精油。由于大马士革玫瑰精油常常会被掺入其他植物精油或成分，因此要严格筛选可信赖的品牌。

迷迭香

迷迭香最早被发现于地中海周围的干燥沿海区域，如今已遍布世界，既可作为厨用调味，也常用来萃取精油。在药用方面，这种香草有振奋精神的作用，能促进消化，其精油可缓解关节疼痛。迷迭香在化妆品和香水行业也是一种重要的原料。

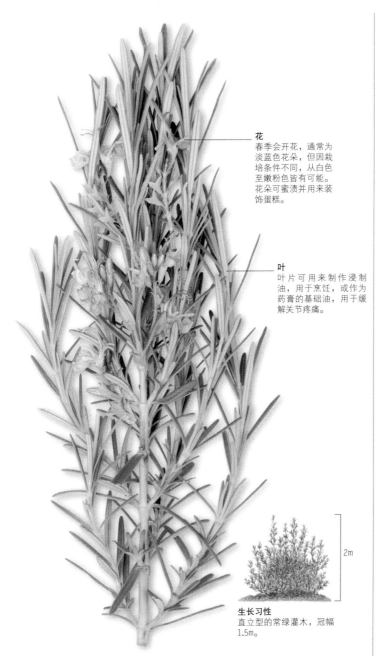

花
春季会开花，通常为淡蓝色花朵，但因栽培条件不同，从白色至嫩粉色皆有可能。花朵可蜜渍并用来装饰蛋糕。

叶
叶片可用来制作浸制油，用于烹饪，或作为药膏的基础油，用于缓解关节疼痛。

生长习性
直立型的常绿灌木，冠幅1.5m。

2m

应用部位 叶片、花朵、精油。
主要成分 挥发油（包括冰片、莰烯、桉树脑）、类黄酮、迷迭香酸、单宁。
作用 收敛止血、镇定神经、祛风、抗菌、发汗、抗抑郁、促进循环、止痉挛、利胆、利尿。
精油 止痛。

如何使用

浸液 标准浸液的味道令人难以接受，因此使用前需要稀释。每次服用1杯可缓解疲惫和头痛，餐后饮用可促进消化。

洗发 将标准浸液过滤后用来洗发，可减少头屑。

吸入剂 将1滴精油滴于纸巾上并吸入，可振奋头脑及帮助集中注意力。

酊剂 每日3次，每次服用2.5ml酊剂，可缓解疲惫和神经紧张。与等量的野生燕麦或马鞭草酊剂混合使用可缓解抑郁。

按摩 在15ml杏仁油中加入0.25ml迷迭香精油，用于按摩疼痛的关节和肌肉，可缓解疼痛。也可按摩太阳穴缓解神经性头疼。

外敷 将纱布浸泡于1杯加热的标准浸液中，用其按敷可帮助扭伤复原。也可用非常热的浸液与冰包每2~3分钟交替按敷一次。

如何获得

种植 尽管栽培品种往往采取扦插半成熟枝条的方式来繁殖，但也可播种栽培。建议在中性至碱性土壤中种植。

搜寻 可在原产地地中海的灌木丛和开放林地找到野生品种。

采收 春夏季可采摘。

注意 避免在妊娠期大剂量使用。

覆盆子

　　覆盆子是一种常见的夏日水果，原产于欧洲、亚洲和北美，从16世纪开始栽植于花园中。其叶片常用来制茶，可帮助修复因分娩而损伤的子宫。果实可用来制作果醋，用作沙拉汁或加入咳嗽药水中。

应用部位　叶片、果实。

主要成分

叶片：夫腊加林（子宫收缩剂）、单宁、多肽。

果实：维生素A、维生素B、维生素C、维生素E、糖类、果酸、果胶。

作用　收敛止血、有助分娩、助消化、利尿、通便。

如何使用

浸液　在孕期最后两个月时，可每日服用1杯用叶片制成的标准浸液，有助于强健子宫及为分娩做好准备，在分娩时可按需服用浸液。每日3次，每次服用1杯浸液可缓解痛经和月经过多。

酊剂　每日3次，每次服用3~5ml酊剂，可缓解发炎。加入100ml温水后可用其清洗外伤、静脉曲张或患有炎症的皮肤。在晾凉的洗眼水中加入2~5滴酊剂，有助于治疗结膜炎等眼部炎症。

漱口水　将1杯浸液用来漱口，可缓解口腔溃疡或喉咙疼痛。

果汁　每日3~4次，每次服用10ml果汁（用新鲜果实压榨），可帮助退烧。

如何获得

种植　推荐在湿润、轻度酸化的土壤中种植。冬季或早春时通过分株、分根或扦插繁殖。移栽后将地上部分修剪至25cm高。收获后剪去花枝，保留第二年的主枝。

搜寻　可在灌木丛和荒地找到野生品种。初夏和仲夏采收叶片和成熟的浆果。

采收　夏季和秋季采收浆果，初夏采摘叶片。

注意　覆盆子叶只可在怀孕的最后两个月使用，且应严格遵循药用剂量。

果实
覆盆子有夏季结果和秋季结果两个品种。它们的果实有红色和黄色之分，同样具有收敛止血效果且营养丰富。

叶
叶片可用于缓解痛经和在生育期强健子宫。可在初夏采摘叶片。

2m

生长习性
长有多刺木质茎的落叶灌木，冠幅1~2m。

皱叶酸模

皱叶酸模原产于欧洲和非洲，是一种常见的路边植物。如今它主要用于帮助排毒和通便，并常和牛蒡根等其他功效香草混合使用，用来辅助治疗慢性皮肤病。

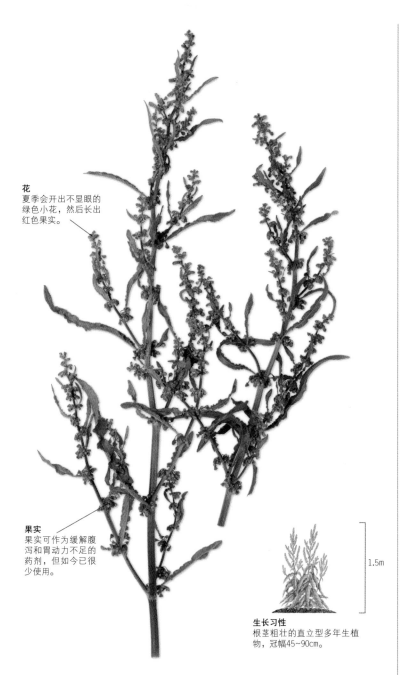

花
夏季会开出不显眼的绿色小花，然后长出红色果实。

果实
果实可作为缓解腹泻和胃动力不足的药剂，但如今已很少使用。

生长习性
根茎粗壮的直立型多年生植物，冠幅45~90cm。

1.5m

应用部位 根。

主要成分 蒽醌类（包括大黄素和大黄酚）、单宁、草酸、挥发油。

作用 清洁血液和淋巴、清热、促进胆汁分泌、通便。

如何使用

汤剂 每日3次，每次服用0.5~1杯用15g根茎和550ml水小火熬煮20分钟制成的汤剂，可缓解便秘或刺激胆汁分泌以促进消化，并有助于清除循环系统毒素。

酊剂 每日3次，每次服用1~2ml酊剂，有助于治疗皮疹、湿疹、疔疮、带状疱疹、风湿和关节炎。

漱口水 将0.5杯汤剂（做法如上）用等量的温水稀释后，每日使用2~3次漱口，可缓解口腔溃疡。

如何获得

种植 一种可充分自播的多年生野草，几乎没有人会想要将它们种植于自家花园中。一旦长成，它的根系就很难完全拔除。皱叶酸模能适应任何土壤条件，并可生长于全日照和半日照环境中。

搜寻 根系很长，除非充分翻土，不然难以完全挖除。

采收 秋季可挖掘根系，充分清洗后切碎并风干。

注意 妊娠期及哺乳期不可使用。可用于偶发性便秘，治疗慢性便秘须咨询医师。

白柳

　　白柳最早被发现于北半球的温带或寒带地区，因靠近水域生长而被划分为可降温和补湿的功效香草。1828年，巴伐利亚药剂师约翰·毕希纳(1783—1852)从白柳的树皮中提取到了带有苦味的结晶——他将其命名为水杨苷，并在1899年由拜耳公司将其合成为阿司匹林。

应用部位　树皮、叶片。

主要成分　水杨苷、水杨酸、单宁、类黄酮。

作用　抗风湿、抗炎、退热、止汗（减少出汗）、止痛、抗菌、收敛止血、助消化。

如何使用

流浸膏　每日3次，每次服用1~2ml溶于水的树皮提取液，有助于治疗风湿病、腰痛、坐骨神经痛。与等量的迷迭香酊剂混合可缓解头痛。

酊剂　每日3次，每次服用5~10ml树皮酊剂，可缓解发热症状，通常会和其他香草混合使用，例如贯叶佩兰（*Eupatorium perfoliatum*）或接骨木。还可用于缓解更年期症状，例如夜间盗汗和潮热。

汤剂　每日3次，每次饮用1杯用树皮制成的标准汤剂，可缓解发热、头痛，或与贯叶连翘和欧洲荚蒾一起用来辅助治疗关节炎。

浸液　餐后服用1杯由叶片制成的标准浸液，可帮助消化。

如何获得

种植　推荐在湿润且排水良好的土壤中种植。夏季用半成熟枝条或冬季用硬枝进行扦插繁殖，也可播种栽培。

搜寻　经常能在靠近水域的河边找到野生品种。

采收　春季从分枝或2~5年生的树木上采集树皮。夏季采收叶片，用来制作治疗发热、肠绞痛或消化问题的浸液。

注意　避免同时服用阿司匹林或水杨酸类药物。避免在妊娠期使用。

叶
狭长直立的银色叶片与弯月相像。

25m

生长习性
树皮带灰褐色深裂纹路的大树，冠幅10m。

撒尔维亚鼠尾草

　　撒尔维亚鼠尾草起源于地中海地区，是一种著名的厨用及药用香草。它被大规模运用于辅助治疗消化系统问题和更年期问题，特别是潮热问题。传统上认为撒尔维亚鼠尾草可以延年益寿，现代研究表明它可以减缓老年性痴呆症的发展。

叶
绿叶和紫叶的撒尔维亚鼠尾草都可用于制造草本药物。

叶片可用来包裹芝士和制作菜肴。

生长习性
会在初夏开出蓝色花朵的常绿型多年生灌木，冠幅1m。

90cm

应用部位　叶片、精油。
主要成分　挥发油（包括侧柏酮、芳樟醇和冰片）、苦双萜、单宁、类黄酮、雌激素类物质。
作用　祛风、止痉挛、收敛止血、抗菌、减少出汗、促进泌涎及泌乳、保护子宫、促进胆汁分泌。

如何使用

浸液　每日3次，每次服用1杯用叶片制成的标准浸液，可缓助腹泻。体弱时服用可提高消化功能及缓解包括盗汗在内的更年期症状，亦有助于解决断奶期回奶问题。
漱口水　将1杯如上浸液用作漱口水，可缓解喉咙疼痛、扁桃体炎、扁桃体周围脓肿或口腔溃疡、牙龈炎等。
酊剂　每日3次，每次服用1~2ml酊剂，用于缓解更年期症状或作为消化剂。
洗发液　将500ml如上浸液用来清洗头发，可控制头皮屑，重现头发的自然色泽。
乳膏/药膏/洗液　在欧洲许多地区都是一种家中必备品，可治割伤和擦伤。

如何获得

种植　推荐在全日照环境下的中性至碱性土壤中种植。春夏季可在直径7.5cm的花盆中播种，第二年幼苗长至更强健时可定植于户外，或于夏季用嫩枝扦插繁殖。
搜寻　可在温带地区干燥、阳光直射的山坡上找到野生品种。
采收　夏季开花前修剪，或常年采收叶片用于烹饪。

注意　撒尔维亚鼠尾草含有大量的侧柏酮成分，因此癫痫患者不能大剂量使用。妊娠期亦要避免大剂量使用。

西洋接骨木

　　西洋接骨木是一种在欧洲、北非和亚洲西南部很常见的林区树木，被视为全身都是宝：根茎和树皮是强劲的泻药，叶片可制成绿色的膏药用于擦伤和扭伤，花朵最常用于制作清新的接骨木浓缩液和啤酒。

花
初夏会开出奶白色的花朵，可做成抗炎的护手霜。

叶
羽状的叶片可做成绿色的膏药，用于擦伤和扭伤。

生长习性
生长茂盛的落叶乔木或灌木，冠幅6m。

6m

应用部位　叶片、花朵、果实。

主要成分　挥发油、类黄酮、黏液、单宁、生氰糖苷、酚酸、固醇。果实还含有维生素A和维生素C。

作用
花朵：祛痰、促进循环、发汗、抗病毒、抗炎。
果实：发汗、利尿、通便。
叶片：修复创伤。

如何使用

浸液　每日3次，每次服用1杯用花朵制成的标准浸液，可缓解发热和咳嗽。与西洋蓍草、辣薄荷等比例混合有助于治疗季节性感冒。

漱口水　将1杯用花朵制成的标准浸液作为漱口水，可缓解口腔溃疡、喉咙疼痛或扁桃体炎。

乳膏/药膏　用花朵制成的乳膏可舒缓红肿或皲裂的双手；用叶片制成的药膏可治擦伤、扭伤、冻疮或痔疮。

糖浆　将600ml用果实制成的标准汤剂和450g蜂蜜混合，每次服用10ml可缓解感冒。

酊剂　每日3次，每次服用2~4ml西洋接骨木果酊剂，可缓解咳嗽、感冒。

如何获得

种植　能适应任何土壤，但推荐于湿润、排水性良好的场所栽培。冬季可通过硬枝扦插繁殖，或在保温条件下播种成熟的种子。容易自播，可能侵略性生长。

搜寻　从远离公路的灌木丛中采集，以防污染。

采收　初夏采集花朵，初秋可采收果实，使用前去除枝干。

注意　食用过量的新鲜浆果可能会导致腹泻。

云木香

云木香原产于喜马拉雅东部，之后被引入中国（其根茎被称为木香）和中东地区栽植，也被应用于医药学。

花
夏季时每个柱头都会出现两三簇紫色或蓝黑色小花。

茎
结实的黄色茎干能长至3m高，但大多数长到2m左右。

3m

生长习性
长有肥厚的锥形根和不规则叶片的多年生植物，高可达3m，冠幅1m。

应用部位 根、精油。

主要成分 生物碱、挥发油（包括芳樟醇、萜烯和倍半萜烯）、豆甾醇、菊粉、单宁。

作用 止痉挛、止痛、催情、收敛止血、祛风、振奋精神、健胃、滋补。

如何使用

汤剂 在中医里通常会和其他功效香草如小豆蔻(*Elettaria cardamomum*)或柑橘(*Citrusreticulata*)一起使用，可缓解腹胀、腹痛、食欲不振、恶心及呕吐。常用的剂量是1~5g根系，在加热的最后5分钟放入。

专利药剂 中国的制药企业持有专利的药片和药粉，包括木香顺气丸和木香槟榔丸，可缓解消化问题。常用的剂量是每日3次，每次8粒小药片。

洗发液 将0.5~1平匙的干燥根系和600ml水混合制成1杯汤剂，用于洗发。

如何获得

种植 推荐在全日照或半遮阴环境下的湿润土壤中种植。种子成熟后在保温条件下播种，并在幼苗长至可以徒手拿捏时移栽；也可于春季进行分根繁殖。

搜寻 除原生地区外无法找到野生品种。这是列入CITES名单中的植物，因此不能从野外采收。

采收 成熟植株的根系可于春季或秋季采摘。

注意 避免在妊娠期服用。在服用中药制剂前最好寻求专业指导。因云木香已濒临绝种，经常会使用替代产品。

五味子

　　五味子原产于中国和日本，用于辅助治疗咳嗽、腹泻、失眠和皮疹。顾名思义，五味子代表种子具有五种滋味，果肉、果皮和种子都混合了传统中医里的五味。

应用部位　果实。

主要成分　植物甾醇（包括谷甾醇和β-甾醇）、木脂素、挥发油、维生素C和维生素E。

作用　抗菌、收敛止血、催情、促进循环、助消化、祛痰、降血压、镇静、保护子宫。

如何使用

洗液　将30ml酊剂用300ml水稀释后制成洗液，可用来清洗发痒的皮肤红疹。

果实　可连续100天每日咀嚼一些果实作为膳食补充。

汤剂　每日3次，每次服用1杯标准汤剂，并加入一小撮生姜粉，可缓解咳嗽和哮喘。在临睡前饮用0.5~1杯不放姜粉的汤剂有助入眠。

酊剂　每日3次，每次将5ml酊剂溶于水中并服用，可辅助治疗肝功能不良。

药酒　将115g果实放于罐中，用600ml米酒浸泡。密封并放置于凉爽处1个月，经常摇晃。过滤后每日饮用1小杯可提升性功能。

如何获得

种植　推荐在防风的背阴面种植，以肥沃、排水性良好、湿润的土壤为佳。秋季在保温条件下播种成熟的种子。如果于春季播种，则需先彻夜浸泡种子。植株在移栽户外前必须足够强健茁壮，并有可供攀爬的墙面或篱笆。冬末修剪无用的小枝条。需要同时栽种雄株和雌株才能结果。

搜寻　除原产地外，几乎无法找到野生品种，但已被广泛栽培为一种观赏植物。

采收　霜冻后可采集果实，晒干备用。

> **注意**　避免在妊娠期或发热、发冷时服用。大剂量服用可能会导致胃灼热。

叶
顶端尖锐的卵形绿色叶片，长度可达15cm。

茎
刮破茎节会散发出柠檬香味。

8m

生长习性
雌雄异株，在春末会开出单生花的落叶型攀缘灌木。

美洲黄芩

　　因被误传可治愈狂犬病，因此原产于北美的美洲黄芩最早被称为"疯狗香草"，如今被用作镇静剂。它的欧洲近种，盔状黄芩(*Scutellaria galericulata*)有着相似的功效。中国黄芩(*Scutellaria baicalensis*)可用于缓解发热症状。

花
夏季会出现腋生的总状花序，而后开出蓝色的浅裂花朵，但有时也会出现粉色或白色品种。

叶
边缘锯齿状的绿色卵形或披针形叶片。

茎
茎为四棱形，绿色至褐色。

60cm

生长习性
冠幅为45cm的多年生草本植物，经常会开出蓝色的花朵。

应用部位　地上部分。

主要成分　类黄酮、单宁、苦环烯醚萜、挥发油、矿物质。

作用　放松和镇定神经、止痉挛、清热。

如何使用

浸液　每日3次，每次服用0.5~1杯标准浸液，可缓解神经衰弱、焦虑。

泡茶　每杯放1平匙干燥美洲黄芩，或每个茶壶放入3~4根小枝，可制成舒缓茶，用于缓解神经紧张或经前综合征所导致的情绪低落。

酊剂　每日3次，每次将1~2ml酊剂溶于少许水中服用，可缓解神经紧张、焦虑或与之相关的头痛症状。

药片/胶囊　通常会和西番莲花混合使用。服用时应遵从包装上的剂量说明，可缓解焦虑和紧张。

如何获得

种植　推荐在全日照或半遮阴环境中种植，以湿润且排水性良好的土壤为佳。在秋季或春季可用育苗穴播种，当幼苗长至可以徒手拿捏时移入直径7.5cm的花盆，移栽前确保幼苗生长健壮。也可在春季进行分根繁殖。善于自播，因此可侵略性生长。

搜寻　可在美国和加拿大的灌木丛或河边找到野生品种。在临近香草花园的草地或灌木丛能找到自播的植株。盔状黄芩有相似的功效，可在河边或沼泽地找到。

采收　开花时采集花朵并迅速风干。地上部分包含花朵和种荚。

番泻树

番泻树原产于埃及、苏丹、索马里和阿拉伯半岛，叶片在9世纪被阿拉伯药剂师用作泻药，从此开始传播，豆荚也有通便作用。

应用部位　叶片、豆荚。

主要成分　蒽醌苷（包括番泻苷、二蒽醌二酯）、多糖、黏液、类黄酮（包括山奈酚）、水杨酸。

作用　通便、抗菌、驱虫、清热。

如何使用

浸液　将3~6颗豆荚（15~30mg）浸泡于1杯温水中，并于临睡前服用可缓解便秘。在其中添加1片新鲜生姜或1平匙茴香子可预防排便中产生的肠绞痛。10岁以上儿童的服用剂量为成人剂量的一半。

流浸膏　将0.25~0.5ml番泻叶析出物溶于少许水中，临睡前服用可缓解便秘。

酊剂　将10~30滴酊剂溶于少许水中，临睡前服用可缓解便秘。

药片/粉末　对于偶发性便秘，可在临睡前服用1~2平匙粉末制剂或2~4片药片。

如何获得

种植　推荐在全日照环境下的肥沃、湿润、沙质土壤中种植。春季播种并在幼苗长大后定植，或于春季用半成熟的枝条扦插。

搜寻　除原产地外，不太可能找到野生品种。

采收　开花时采摘叶片，秋季可采收成熟的种荚。

> **注意**　可能导致腹部绞痛，肠炎及肠梗阻患者避免使用。超剂量使用可能会导致腹泻并损伤结肠。不要7天以上连续服用叶片萃取物或浸液，至少停服2周才可继续疗程。

叶
手工采收的番泻叶被称为廷尼弗利番泻叶（Tinnevally senna），机械采收的番泻叶称为亚历山大番泻叶（Alexandria senna）。

茎
茎节成丛直立，呈现淡绿色。

90cm

生长习性
春季会开小黄花的矮生型多年生小灌木，冠幅50~60cm。

奶蓟

奶蓟原产于地中海和亚洲西南部的多石地区，又名水飞蓟。尽管奶蓟确实有催乳作用，但如今人们更看重它对肝脏的保护功能。

头状花序
头状花序水煮后可食用，曾经用于辅助治疗暴饮暴食症，是西医中治疗抑郁症的良药。

叶
叶片切开后会流出类似牛奶般的白色汁液，因此得名。

1.5m

生长习性
绿叶上缀有白点的二年生植物，冠幅60~90cm。

应用部位 种子、叶片、头状花序。
主要成分 黄酮醇（包括水飞蓟素）、苦味素、聚乙炔。
作用 清热调理、利胆、抗病毒、促进胆汁分泌、抗抑郁、抗氧化、催乳、保护肝脏。

如何使用

酊剂 每日3次，每次将20~50滴用种子制成的酊剂溶于水中并服用，有助于治疗肝部和胆囊问题，也可促进消化。如果曾得过胆结石或肝部疾病，可每日将5ml酊剂溶于水中并服用作为预防。如用于治疗胆结石则应遵从专业建议。

胶囊 常规服用奶蓟胶囊有助于治疗肝部疾病。

浸液 每日饮用1~2杯用叶片制成的标准浸液，可在哺乳期增加乳汁量。浸液也可用于缓解消化不良。

汤剂 每日服用0.5杯用研碎种子制成的标准汤剂，有助于治疗包括感染在内的肝部问题。

如何获得

种植 推荐在全日照环境中种植，以贫瘠至适度肥沃、排水性良好的中性至碱性土壤为佳。作为一年生植物，可于春季在指定位置播种，或在夏末初秋时播种。株距45cm为宜。

搜寻 可在欧洲、北非、东非大部分地区和西亚的树篱和荒地中发现野生品种。头状花序可用来烹饪并作为蔬菜食用（类似洋蓟），嫩叶可用作菠菜的替代品，根茎的风味好似婆罗门参。

采收 夏末收集种子。植株的其他部分可于夏季采收并用于烹饪。

繁缕

　　从欧洲到亚洲都能寻到繁缕的踪迹，在很长时间内它一直被用作舒缓神经、治疗创伤及皮肤问题的草药。正如其英文名（Chickweed）所示，繁缕是鸡最喜爱的食物，也是小型鸟的食物——在16世纪曾被用来饲养朱顶雀。

应用部位　地上部分。

主要成分　黏液、皂苷、香豆素、矿物质、维生素A、维生素B和维生素C。

作用　收敛止血、抗风湿、修复创伤、镇痛、润肤、通便。

如何使用

浸渍油　在罐中装满新鲜繁缕，并用葵花子油完全覆盖，浸渍2周，每日摇晃，滤出后涂抹于湿疹和皮肤红疹处，有助于缓解症状。在洗澡水中加入25ml浸渍油，有助缓解湿疹。

乳膏/药膏　经常涂抹于发痒的皮肤红疹和湿疹处，有助于缓解症状。去除扎入皮肤的小刺时，可将乳膏涂抹于伤口处，并用创口贴封住一晚，一般在第二天早晨就能发现创口贴上沾有小刺。

浸液　每日3次，每次饮用1杯标准浸液，有助于治疗风湿关节痛、尿路感染，也可作一般用途的收敛消毒剂。

外敷　将碾碎的新鲜植株涂抹于纱布上或装入纱布袋中，外敷于疔疮、脓肿或痛风处，有助于缓解症状。

如何获得

种植　推荐在肥沃土壤和全日照环境下种植，但也可适应其他环境条件。任何时候都可播种。通常被视为一种野草，但可用来喂鸡，是鸡非常好的食物来源。

搜寻　通常能在树篱、沟渠、荒地或草地发现野生品种。在生长季节可按需采摘地上部分。繁缕的风味类似菠菜，可作为蔬菜搭配黄油食用。

采收　可在生长季节采摘，趁新鲜使用或风干后使用。

> **注意**　如果过量食用，可能导致恶心呕吐。

花苞
花苞绽放后会开出星形的花朵。

叶
叶片是维生素C的重要来源，可放入沙拉中或作为蔬菜烹饪食用。

40cm

生长习性
长有星形小白花的地被一年生野草，冠幅5~40cm。

聚合草

聚合草生长于欧洲所有地区，从古时候起就被用来帮助断骨恢复。1970年，聚合草作为一种可治疗关节炎的内服药剂而广为人知，但后期经过广泛的动物实验发现，其根茎内含的生物碱可能导致肝癌，因此在许多国家被禁止使用。

花
垂坠生长的花朵会在夏季出现，它们富含尿囊素，可以促进细胞分裂。

叶
叶片数世纪以来都被用于制作膏药治疗骨折。

生长习性
长有强壮地下茎的多年生地被植物，冠幅可达2m以上。

1.3m

应用部位 地上部分、根。

主要成分 黏液、甾体皂苷（根）、尿囊素、维生素B_{12}、单宁、生物碱、迷迭香酸。

作用 促进细胞增生、收敛止血、镇痛、抗炎、止咳、祛痰、修复创伤。

如何使用

浸渍油 早晚用来按摩，有助于治疗关节炎、扭伤、擦伤。

软膏 涂抹于清洁干净的割伤和擦伤处，也可用于尿布疹等皮肤溃疡处，有助于恢复。对烫伤、痤疮、牛皮癣等亦有效。

糊药 将叶片碾成泥后涂抹于小伤口有助于恢复。将根研磨成粉和水调制成糊状，涂抹于静脉曲张性溃疡、顽固性外伤或痔疮处有助于恢复。将纱布浸于用根制成的标准汤剂中，有助于治疗擦伤和扭伤。

如何获得

种植 推荐在全日照或半遮阴环境下的湿润土壤中种植。可在秋季或春季播种繁殖，也可在春季进行分根繁殖。聚合草无法适应干燥的冬季，可一旦成活就难以根除。

搜寻 通常能在潮湿地区的边界或灌木丛找到野生品种。在未开花时，植株容易和毛地黄混淆。

采收 夏季采集叶片和花朵，冬季挖掘根系。

注意 避免在妊娠期使用。不要将它涂抹于未清洁的伤口，避免在皮肤快速愈合时，脓液或脏物被一并吸收。

小白菊

　　小白菊分布于北半球温带地区。植物学家(尼古拉斯·卡尔培波，1653)认为它是一种子宫修复剂，传统上还用于治疗关节炎和风湿病，如今多用于辅助治疗偏头疼。

应用部位　地上部分。

主要成分　倍半萜烯内酯（小白菊素）、挥发油、除虫菊酯、单宁、莰酮。

作用　消炎、扩张血管、助消化、调节月经、驱虫、清热。

如何使用

酊剂　每日3次，每次在芹菜籽、白柳或勾果草制剂中加入2ml小白菊酊剂服用，有助于治疗急性风湿性关节炎。

膏药　将1把叶片放于少许油中烹熟后，涂抹于小腹，可缓解肠绞痛。

浸液　将15g地上部分和600ml水制成稀释的浸液，分娩后饮用1~2杯，有助于清洁和调理子宫。每日3次，每次服用1杯可缓解滞流和堵塞所引发的痛经。

如何获得

种植　推荐在全日照和排水性良好的土壤中种植，但也可适应其他环境。冬末早春在10~18℃的条件下播种，也可在初夏通过扦插嫩枝来繁殖。植株能广泛自播，因此可能会侵略性生长。

搜寻　通常能在灌木丛和荒地找到野生品种。很容易和其他雏菊类植物混淆，可通过其独特的叶片和浓烈的苦味来分辨。

采收　在生长季节按需采收叶片，夏季开花时可收割整棵植株。

注意　食用新鲜叶片可能导致口腔溃疡。避免同时服用华法林等抗凝血剂。避免在妊娠期服用。

花
如同雏菊的花朵会在夏季开放，这意味着容易和外形类似的一年生洋甘菊混淆。

叶
带有苦味的淡绿色叶片可在油炸后做成膏药外敷以缓解头疼，比内服效果更好。

60cm

生长习性
生长期较短、长有深裂叶片的多年生植物，冠幅60cm。

药用蒲公英

在欧洲、亚洲和南美的温带地区能找到蒲公英的许多品种。药用蒲公英是功效香草的一个新成员，在11世纪才首次被阿拉伯草药师提及，并被用作促进排尿的药剂。药用蒲公英的根系是一种有效的利肝剂，也已被使用了较长时间。

叶
叶片富含钾元素，能帮助促进排尿，有助于维护身体的钠/钾平衡。

花
春季至夏季会开出明黄色的花朵。

生长习性
直根系的多年生植物，冠幅45cm。

30cm

应用部位 叶片、根系。
主要成分 倍半萜烯内酯、维生素A、维生素B、维生素C、维生素D、胆碱、矿物质（包括钾元素）。
叶片：香豆素、类胡萝卜素。
根：蒲公英糖苷、酚酸。
作用 利尿、调理肝脏和消化系统、利胆、刺激胰腺和胆道、排便（根系功效）。

如何使用

汤剂 将5~10ml根系放入1杯水中煮沸，然后小火熬煮10~15分钟，每日3次，每次饮用1杯，有助于治疗关节炎、风湿病、粉刺和牛皮癣，也可作辅助利肝剂和解毒剂。
浸液 每日3次，每次服用1杯用叶片制成的标准浸液，可促进排尿，有助于治疗膀胱炎、尿液潴留或高血压。
汁液 在果汁机中榨取叶片的汁液，每日3次，每次服用20ml，可作为浸液的强效替代品。
酊剂 每日3次，每次服用2~5ml根系和叶片制成的混合酊剂，可促进胆汁分泌，缓解便秘，亦有助于小粒胆结石的溶解。

如何获得

种植 能适应大部分土壤，可在全日照或半遮阴环境中生长。春季可播种繁殖，也能广泛自播。
搜寻 在全世界大部分地区的灌木丛、林地、荒地甚至城市的人行道旁都能看到野生品种。避免在交通繁忙地带采摘，以防污染。
采收 春季可采摘嫩叶来做沙拉，夏季可采摘大叶片作药用，秋季可收集二年生的根系。

注意 胆结石患者只能在专业医师的指导下使用药用蒲公英的根系。

百里香

百里香原生于欧洲南部的干燥地区，如今已作为一种厨用香草遍布世界。它可以缓解咳嗽带痰，同时具有抗菌作用，可辅助治疗肺部感染，精油可用于芳香疗法。20世纪90年代的研究证明了百里香还具有抗氧化和抗衰老功效。

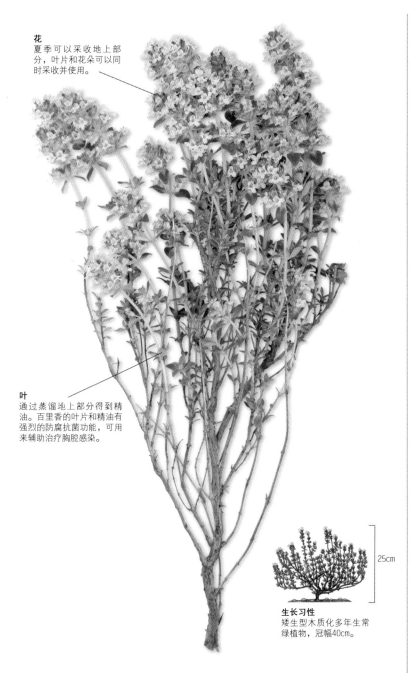

花
夏季可以采收地上部分，叶片和花朵可以同时采收并使用。

叶
通过蒸馏地上部分得到精油。百里香的叶片和精油有强烈的防腐抗菌功能，可用来辅助治疗胸腔感染。

生长习性
矮生型木质化多年生常绿植物，冠幅40cm。

25cm

应用部位 地上部分、精油。
主要成分 挥发油（包括百里香酚、桉树脑和冰片）、类黄酮、苦味素、单宁、皂苷。
作用 防腐、祛痰、止痉挛、收敛止血、抗菌、利尿、止咳、滋补调理、修复创伤、抗皮肤过敏。

如何使用

浸液 每日3次，每次服用1杯标准浸液，有助于治疗季节性感冒、胸腔感染、轻度哮喘、花粉过敏、胃寒或肠易激综合征。
糖浆 在600ml经过滤的浸液（如上）中加入450g蜂蜜制成糖浆，有助于治疗咳嗽和胸腔感染。
漱口 早晚将1杯如上浸液用作漱口水，可缓解牙龈问题和喉咙疼痛。
按摩油 在25ml杏仁油中加入10滴百里香精油，可用于胸部按摩，辅助治疗支气管炎。与等量的薰衣草油混合使用可缓解风湿痛和肌肉僵硬。
洗液 在60ml水中加入1ml百里香精油，可用于清洗昆虫叮咬和伤口感染处。

如何获得

种植 推荐在全日照环境下的干燥碱性土壤中种植。春季可在温室中或保温条件下播种，当幼苗长至可以徒手拿捏时移栽入直径7.5cm的花盆，植株充分长大后定植于户外。或在夏季开花前用嫩枝扦插繁殖。
搜寻 可在欧洲和亚洲的灌木丛、荒地或干燥的草地中发现野生品种。
采收 仲夏至夏末采集地上部分，全年的生长季都可采摘嫩茎来烹饪。

注意 避免在妊娠期大剂量使用。精油不可内服，并且要稀释后才能外用。

小叶椴

　　小叶椴原产于欧洲中部和东部地区，在许多国家都是受欢迎的行道树——或许是最受人瞩目的街道标志物，例如德国柏林勃兰登堡门所在的林登大街的行道树就是小叶椴。其花朵除了能用来制作润肤液外，更多的是用于制作镇静剂。

花
可在夏季采收整个花朵，将其碾碎制作舒缓茶，有助于降血压。

果实
秋季会长出独特的淡绿色圆形果实。

生长习性
中等偏大型的柱状乔木，冠幅10~30m。

40m

应用部位　花朵。
主要成分　类黄酮（包括槲皮素和山奈酚）、咖啡酸、黏液、单宁、挥发油。
作用　止痉挛、发汗、利尿、镇静、降血压、抗凝血。

如何使用

浸液　每日3次，每次饮用1杯标准浸液可舒缓神经紧张或压力造成的头痛，也可缓解感冒、流感和鼻炎。市场有售的小叶椴花茶包通常会加入洋甘菊或柠檬香蜂草混合。将1~2平匙小叶椴花浸液用1杯沸水冲泡后即是舒缓镇定的香草茶。

酊剂　每日3次，每次将5ml酊剂溶于水中并服用，可缓解压力过大、焦虑及动脉硬化所引发的高血压。它也常和其他功效香草如缬草或山楂混合使用。

药膏/洗液　按需用于因皮疹或昆虫叮咬所引发的皮肤瘙痒处。

儿童香草茶　可在儿童感染流感、季节性感冒或水痘的早期阶段作为舒缓药剂使用。剂量需遵循专业医师指导。

如何获得

种植　推荐在肥沃、湿润且排水良好的中性至碱性土壤中种植。种子应在冬季之前妥善保存，并于春季播种，但发芽非常缓慢。小叶椴是一种大型乔木，因此不适合栽种在小花园中。

搜寻　可在欧洲和大部分温带地区找到，通常作为一种行道树栽种。花朵可在初夏至仲夏采集，但最好避免在繁忙的公路旁采摘，以防污染问题。

采收　仲夏采集花朵，也可搜集萼片，风干后碾碎。

红车轴草

　　红车轴草原产于欧洲和亚洲的温带区域，如今已遍布北美和澳大利亚的大部分地区。这种植物也被称为"蜂蜜秆"，因为其茎秆充满甜味汁液。在20世纪30年代，红车轴草被广泛用于辅助治疗乳腺癌，如今更多用于缓解咳嗽、皮肤问题和更年期症状。

应用部位　头状花序。

主要成分　类黄酮、水杨酸盐、香豆素、酚苷、生氰糖苷、挥发油（包括冬青油和苄醇）、谷固醇。

作用　止痉挛、利尿、排除淋巴毒素、祛痰、镇静，及某些雌激素功效。

如何使用

浸液　每日3次，每次服用1杯标准浸液，可缓解咳嗽、更年期症状或外用缓解皮肤问题。

糖浆　将600ml标准浸液和250g蜂蜜混合制作糖浆。按需服用5ml可缓解顽固性咳嗽，特别是百日咳或支气管炎。

漱口水　将1杯标准浸液用作漱口水，可缓解口腔溃疡和喉咙疼痛。

酊剂　每日3次，每次服用5~10ml，有助于治疗湿疹、牛皮癣和久不愈合的褥疮。与三色堇混合服用有助于治疗儿童湿疹。

乳膏/药膏　常用于淋巴肿大处。

新鲜花朵　将碾碎的花朵直接敷于昆虫叮咬和刺痛处，可缓解症状。

如何获得

种植　喜欢在夏季温度适中和湿度充足的环境中生长。冬末或早春直播于指定地点，并用薄薄的育苗土覆盖。

搜寻　红车轴草在世界上的大部分地区都可找到，多作为一种饲料而被广泛栽培。常生长于灌木丛和草地，可在绽放时采摘头状花序。

采收　整个夏季都可采收，挑选刚刚绽放的头状花序。

头状花序
春末夏初会长出独特的粉紫色球形头状花序。

叶
3片卵形小叶组成掌状三出复叶。

45cm

生长习性
二年生或多年生植物，冠幅45cm。

注意　避免在妊娠期使用。

旱金莲

旱金莲原产于从玻利维亚至哥伦比亚范围内的安第斯山脉，如今已是一种全世界流行的花园观赏植物。它们极易生长，以至于在新西兰等地已成为一种入侵性的杂草。旱金莲可用于防腐和缓解呼吸问题，花朵和种子可以厨用。

叶
几乎所有的圆形叶片都能降低由伤风和感冒引发鼻腔黏膜炎的概率，并能增强人体对细菌感染的抵抗力。

花
黄色或红色的旱金莲花会在初夏开放，将它加入沙拉中，能增添营养和色彩。

叶
叶片能给夏日沙拉增添一丝辣味且富含维生素C。

生长习性
快速生长蔓延的一年生植物，冠幅1.5~2m。

3m

应用部位 花朵、叶片、种子。
主要成分 氰基异氰酸酯、千日菊素、黑芥子硫苷酸、矿物盐类（包括碘、铁和磷酸盐）、草酸、维生素C。
作用 抗菌、止咳、利尿、祛痰。

如何使用

浸液 每日3次，每次服用1杯用叶片制成的标准浸液，可提高抗病毒感染的能力，对抗流感亦很有效。

酊剂 每日3次，每次服用5~10ml，有助于治疗伤风、流行性感冒和干咳。

汁液 将整棵植株放入食物处理机或榨汁机中榨出汁液，每日3次，每次将20ml汁液溶于牛奶中并服用，可缓解肺气肿等慢性肺炎。将汁液涂抹于头皮，可促进毛发生长。

洗液 可将1杯用叶片制成的标准浸液用作清洗割伤和擦伤的抗菌洗液。

新鲜叶片和花朵 两者都可加入沙拉中，叶片有辛辣味且富含维生素C。

如何获得

种植 旱金莲几乎可在所有地方生长，但最推荐在全日照、排水良好的土壤中栽培。肥沃的土壤可促使叶片快速生长。初夏在指定位置播种，或在春季13~16℃时种植于育苗穴中。

搜寻 在世界各地都被视为一种侵略性的杂草，温带地区自播品种常见于花园外。

采收 可按需采集花朵和叶片拌入沙拉中，或在夏末采收整棵植株并用其制作酊剂。

款冬

　　款冬曾被认为是一种治疗咳嗽的良药，从其拉丁学名就可以看出（拉丁文中，"tussis"表示咳嗽）。近几年因其被证实含有可致癌的生物碱成分而名声回落。这种植物是入侵性杂草，在欧洲、西亚和北非都能发现其踪影。在一些国家被禁止使用。

叶
叶片只在花朵凋谢后才会出现。

生长习性
长有硕大的心形叶片的铺地型多年生植物，冠幅不定。

30cm

应用部位　叶片、花朵。
主要成分　黏液、单宁、生物碱、菊粉、苦味素、甾醇类、类黄酮（包括芸香苷）、锌、钾、钙。
作用　祛痰、抗炎、镇痛。

如何使用

注意：非专业指导下，请勿内服。
膏药　将新鲜叶片在搅拌机或食物处理机中打成碎片，涂抹在纱布上，作为膏药敷于溃疡、褥疮和其他愈合缓慢的外伤处，有助于恢复。
糖浆　在600ml已过滤的用叶片制成的标准浸液中加入450g蜂蜜或糖，煮沸后小火熬煮5~10分钟，直至形成糖浆。每次服用5ml，可缓解干咳或哮喘。
酊剂　每日3次，每次服用2~5ml用叶片制成的酊剂，可缓解咳嗽带痰或支气管炎。
汤剂　将15g干花用600ml水炖煮15分钟，每次饮用0.5~1杯，每日3次，有助于治疗气喘、支气管炎及长期咳嗽。

如何获得

种植　推荐在全日照或半遮阴环境的湿润、中性偏碱性土壤中种植。春季可在育苗穴中播种，或在开花后进行分株繁殖，植株具有强烈的侵略性。
搜寻　可在灌木丛和荒地找到野生品种。
采收　在花朵刚绽放时立即采收，可新鲜使用或立即风干。夏季茂盛生长时可采集叶片。

注意　含有生物碱成分，在没有专业指导情况下不要内服。妊娠期或哺乳期避免使用。

赤榆

　　赤榆原产于北美东部地区，是一种应用十分广泛的草药，多用于修复和舒缓受损组织，包括外部创伤和内部黏膜。此外，赤榆非常有营养，因此可用作身体虚弱和康复期的食物。

应用部位　树皮内层。
主要成分　黏液、淀粉、单宁。
作用　舒缓镇痛、润肤、通便、祛痰、止咳、滋补。

如何使用

膳食补充　可作体弱者或婴幼儿的辅食。将0.25~1平匙的粉末和少量水混合制成糊状，加入沸水或热牛奶后持续搅拌，做成1杯稀粥。也可将粉末与燕麦粥或谷物混合。
软膏　用于拔脓、小刺或碎片，通常和药蜀葵粉混合使用。
膏药　将1平匙粉末和少量水或金盏花浸液混合制成糊状，抹在纱布上，可敷于疔疮、脓疮、静脉曲张性溃疡或化脓的外伤处，有助于恢复。
胶囊/药剂　每日3次，每次服用200mg，可缓解胃炎、食道炎、溃疡或慢性消化不良。在旅行前服用1粒胶囊可减轻晕车、晕船症状。

如何获得

种植　推荐在全日照环境中的湿润、深厚的土壤种植。通常在秋季播种，也可在夏季以压条、扦插半成熟枝条的形式繁殖。一般不会种植于花园中，容易遭受害虫、真菌感染及荷兰榆树病的危害。
搜寻　在美国的一些地区一直作为行道树种植，但很少有人工栽培的品种，因此，除原产地之外很难找到野生品种。赤榆很容易遭受榆黄萤叶甲和荷兰榆树病的危害，因此数量不断减少，所以要避免采集野生树木的树皮。
采收　春季可剥取成熟的树干和分枝上的树皮。

> **注意**　在某些国家，赤榆是受保护品种。

叶
长度可达20cm，叶片上覆盖柔毛，叶脉深。

叶
叶片曾用于制作膏药或熬煮后用于外伤部位，能帮助愈合。

20m

生长习性
长有泪滴形叶片和宽广树冠的乔木，冠幅18m。

异株荨麻

　　带刺的异株荨麻遍布欧洲和亚洲温带地区，是一种十分常见的野草，通常生长在肥沃的土壤中。异株荨麻的刺是含有组胺和甲酸的刚毛。据说异株荨麻会掠夺土壤中的矿物质和维生素并集中到叶片中，因此格外有营养。

叶
春季采集嫩叶，用来煲汤或如同菠菜般烹饪后食用。

披针形叶片是矿物质的丰富来源，是缺铁性贫血的理想滋补药草。

生长习性
长有地下茎的多年生植物。

1.5m

应用部位　地上部分、根。

主要成分　胺类（组胺、乙酰胆碱、胆碱、血清素）、类黄酮、甲酸、矿物质（包括二氧化硅和铁）、维生素A、维生素B、维生素C、单宁。

作用　利尿、调理、滋补、止血、刺激循环系统、催乳、降血压、抗坏血病、抗过敏、改善体质。

如何使用

汁液　将整棵新鲜植株磨碎或处理后得到汁液。每日3次，每次服用10ml可调理身体虚弱和贫血。

浸液　每日3次，每次服用1杯用叶片制成的标准浸液，可辅助治疗关节炎、风湿病、痛风和湿疹。用来清洗头发可抗头屑。

乳膏/药膏　用于小割伤、擦伤，以及包括湿疹在内的皮疹，有助于恢复。

新鲜叶片和茎节　用来捆扎关节会导致关节炎患处刺痒，虽感觉不舒服，但在传统医学和现代研究中被认为是效果的体现。

外敷　将纱布浸泡于强效浸液或稀释的叶片酊剂中，可缓解关节炎、痛风、神经痛、肌腱炎和坐骨神经痛所造成的疼痛。

酊剂　每日3次，每次服用2~4ml叶片酊剂，有助于治疗皮肤过敏症状和花粉症。每日3次，每次服用2~4ml根茎酊剂，有助于治疗良性前列腺增生。

如何获得

种植　异株荨麻大量生长于野外，无须栽培。

搜寻　可在灌木丛、荒地找到野生品种。

采收　开花时采集地上部分。秋季可挖掘根茎，春季可采收嫩叶。

注意　采收植株时须戴橡皮手套。

黑果越桔

　　黑果越桔和北美蓝莓是近种，原生于欧洲和亚洲的温带地区。因果实内含强大的抗氧化剂花青素而成为众所周知的"超级食物"。

应用部位　果实、叶片。
主要成分　单宁、糖类、果酸、花青素、蒽醌苷、糖苷、维生素A。
作用　收敛止血、降血糖、抗菌、止吐、消炎、利尿。

如何使用

漱口水　将1杯用叶片制成的标准浸液作为漱口水，可缓解口腔溃疡和喉咙发炎。将10ml新鲜果汁稀释于120ml水中也可达到此效果。
洗液　将30ml未加糖的果汁和30ml已稀释的金缕梅萃取液混合，可用作防晒伤和缓解其他皮肤炎症的收敛水。
汤剂　每天服用1杯干果制成的标准汤剂对慢性腹泻有一定疗效。
新鲜果实　食用一大碗加糖、牛奶或鲜奶油的新鲜果实可缓解便秘。
浸液　每日3次，每次服用1杯叶片制成的标准浸液，可辅助晚发性、非胰岛素依赖型糖尿病患者的膳食控制。

如何获得

种植　推荐在全日照或半遮阴环境中种植，因其根系很浅，湿度高、酸度强（pH5.5或更低）的土壤更为适合。秋季在保温条件下播种，并在植株足够大时定植于最终位置。夏季可用半成熟枝条扦插的方式来繁殖。春季修剪以促使新枝生长。须种植于避阴处。如果所在的地区为碱性土壤，则最好盆栽。
搜寻　在温带的泥炭沼泽、荒野及亚北极区等有酸化贫瘠土壤的地方都能找到野生品种。
采收　春季可采集叶片，夏末可收集成熟的果实。

> **注意**　在非专业指导下，胰岛素依赖型糖尿病患者不能擅自服用黑果越桔叶制成的香草茶。不要连续使用叶片超过4周。

叶
叶片对只需食物控制的迟发型糖尿病早期阶段很有帮助。

直立茎上生长着椭圆形叶片。

果实
果实比蓝莓柔软，容易破裂，因而难以运输。

60cm

生长习性
长有匍匐茎的小型灌木，冠幅60cm以上。

缬草

缬草有时候也被称为"大自然的镇定剂",原产于欧洲至日本的温带地区。近几年来,研究者对缬草进行了广泛的研究,缬草三酯对于神经系统有镇静作用,可以从干燥的植株和萃取物提取,但新鲜植株的功效更好。

花
夏季会出现奶白色或淡粉色的花朵,不会和红花缬草混淆。

生长习性
长有匍匐地下茎的多年生植物。

2m

应用部位 根系和地下茎。
主要成分 挥发油(包括异戊酸、冰片)、总缬草素、生物碱。
作用 镇静、催眠、止痉挛、祛痰、利尿、降血压、祛风、止痛。

如何使用

浸液 缬草的根茎更适合用来浸渍而非制作汤剂,将25g切碎的新鲜根茎在冷水中浸泡8~10小时。每日3次,每次服用1杯浸液,可缓解焦虑、神经紧张或由压力引发的高血压。临睡前服用可缓解失眠。
胶囊 可将缬草根茎粉添加到胶囊中。
酊剂 每日3次,每次服用1~5ml酊剂,有助于治疗神经问题,剂量可能因个体不同而有变化。有些案例中较高剂量会导致头痛,因此最好先从低剂量开始服用。
外敷 将纱布浸于1杯浸液或经稀释的酊剂中,敷于肌肉痉挛处可缓解症状。敷于下腹部有助于缓解痛经和疝气。

如何获得

种植 推荐在全日照或半遮阴环境的湿润土壤中种植,适合林地花园。春季在保温条件下播种,幼苗长大后移栽入花盆中,并最后定植于户外。也可在春季或秋季通过分根法繁殖。
搜寻 通常能在林地边缘或潮湿草地找到其踪迹。容易和红缬草(*Centranthus ruber*)混淆。
采收 秋季可挖掘至少二年生的根茎。

注意 会导致嗜睡,如果已使用此类药物则要避免同时服用。

毛蕊花

从欧洲到中国西部地区都能找到毛蕊花的身影。如今毛蕊花主要用于辅助治疗咳嗽和呼吸障碍。

应用部位　花朵、叶片、地上部分。
主要成分　黏液、皂苷、挥发油、苦味素、类黄酮（包括芸香苷）、糖苷（包括珊瑚木苷）。
作用　祛痰、镇痛、利尿、修复创伤、收敛止血、抗炎。

如何使用

糖浆　将600ml用鲜花制成的标准浸液和450g蜂蜜或糖混合，煮沸后小火熬煮10~15分钟。每次服用5ml。
浸渍油　将新鲜花朵在葵花子油中浸泡2周，每天摇晃。过滤后使用可缓解耳部感染所引发的疼痛（在棉球上滴2滴浸渍油后放置于外耳），也可涂抹于外伤、皮肤溃疡、痔疮、湿疹、冻疮处。用于按摩胸部时，可缓解呼吸系统症状。
浸液　将30g用干燥叶片或地上部分制作的浸液与600ml沸水混合制成，可用于辅助治疗慢性咳嗽、由剧烈咳嗽引发的发热、喉咙发炎和呼吸系统问题。
酊剂　每日3次，每次服用5~10ml由叶片或地上部分制成的酊剂，有助于治疗慢性呼吸障碍问题。

如何获得

种植　推荐在全日照环境、排水良好的土壤中种植。秋季或春季可在保温条件下播种，并在幼苗长至可以徒手拿捏时移入直径7.5cm的花盆中，植株完全长大后定植于最终位置。在理想条件下善于自播。
搜寻　可在树篱、路边和荒地找到野生品种。因独特的花形而很容易在夏季发现植株。
采收　在刚开花时单独采集黄色的花朵及地上部分。将不同部分分别采集并风干，以供不同用途。

叶
如羊毛般质地的卵形叶片，长度可达45cm，曾用于包裹新鲜水果。

花
黄色的花朵可用葵花子油或杏仁油浸制，用于辅助治疗外伤、痔疮、湿疹、眼睑炎、冻疮或耳部感染。

花朵会在夏季绽放，在商业生产上很少和叶片分开使用，因此最好一起采收。

1.8m

生长习性
长有柔软、灰绿色多毛叶片的高大二年生植物，冠幅1m。

马鞭草

　　马鞭草生长在欧洲、亚洲和北非的大部分地区。古希腊人、罗马人和德鲁伊特人都认为马鞭草是一种可治愈百病的神圣草药。如今，马鞭草是一种非常受欢迎的餐后草本茶，可以促进消化，也能缓解头疼、神经紧张和抑郁。

花
夏日高高的花茎上会开出淡紫色的小花，这时就可以采收。

叶
干燥叶片和茎秆可制作在法国特别流行的餐后草本茶。

生长习性
花茎散乱纤长的多年生植物，冠幅60cm。

60cm

应用部位　地上部分。
主要成分　挥发油（包括柠檬醛）、苦环烯醚萜（马鞭草苷等）、生物碱、单宁。
作用　催乳、发汗、镇定神经、祛痰、止痉挛、调养肝脏、通便、保护子宫、利胆。

如何使用

酊剂　每日3次，每次服用2~4ml酊剂，可缓解神经衰弱、压力过大、焦虑或抑郁。也可作为利胆剂，辅助治疗消化不良、中毒和黄疸。与其他对泌尿系统有利的香草混合使用有助于排结石，消除尿酸过多症状。
浸液　每日3次，每次服用1杯由地上部分制成的标准浸液，可助消化或退烧。临睡前服用1杯可缓解失眠。
乳膏/药膏　辅助治疗湿疹、外伤和脓疮，也可缓解神经痛。
花精　将2滴花精稀释于10ml水中并装入滴管瓶，在精神压力过大或因过度劳累而造成失眠、无法休息时可按需使用1滴。

如何获得

种植　推荐在全日照、排水良好的土壤中种植，但也可适应其他环境。春季或秋季可在育苗穴中播种，幼苗长大后保持间距60cm移植，也可在春末进行分株繁殖。在合适条件下可自播。
搜寻　植株非常不显眼，因此很容易错过。可在原产地和其他地区的灌木丛和干燥地带找到野生品种。
采收　通常在植株开花时采摘。

注意　避免在妊娠期服用。超量服用可能导致呕吐。

欧洲荚蒾

　　欧洲荚蒾原产于欧洲、亚洲北部和北美，对于缓解肌肉抽筋和痉挛疼痛非常有效。因此，可用来辅助治疗疝气，也能缓解抽筋。这种灌木也是受欢迎的花园观赏植物。

<u>应用部位</u>　树皮。
主要成分　苦味素、缬草酸、单宁、香豆素、皂苷。
作用　止痉挛、镇静、收敛止血、放松肌肉、强心、抗炎。

如何使用

<u>酊剂</u>　每日3次，每次服用5ml可用作神经或肌肉的放松剂，或缓解影响消化或泌尿系统的疼痛状况。服用1ml酊剂或与大黄根一起用于辅助治疗肠易激综合征及便秘。
<u>汤剂</u>　对于痛经或疝气，可每3~4小时服0.5~1杯标准汤剂。也可与其他药剂一起使用，辅助治疗月经过多。
<u>乳膏/洗液</u>　常用于缓解肌肉痉挛、夜间小腿抽筋或肩部肌肉紧张。
<u>按摩油</u>　将浸渍油用作按摩基础油，可缓解由肌肉抽筋和痉挛所引发的肌肉不适和疼痛。可在5ml浸渍油中加入10滴薰衣草、百里香或迷迭香精油。

如何获得

<u>种植</u>　推荐在全日照或半日照环境中种植，以湿润且排水性良好的土壤为佳。可在夏季通过扦插嫩枝来繁殖，或在种子成熟时立即播种，冬季需要温暖条件的保护。
<u>搜寻</u>　可在欧洲或北美的林地中找到野生品种。在采集树皮时，注意不要伤害到树干，每丛只能少量采收。
<u>采收</u>　可在春季或夏季植株开花时采收分枝上的树皮。

<u>注意</u>　非专业指导下，避免在妊娠期服用。

果实
秋季会长出亮红色的果实，是某些鸟类的最爱。

树皮
可在春季和夏季从分枝上采收。树皮既可内服也可外用，能缓解肌肉痉挛。

5m

生长习性
春季会开小花的茂盛灌木，冠幅4m。

三色堇

三色堇的英文名"heartsease"，据说是因为它曾用于治疗心脏问题。这种香草原产于欧洲、北非和亚洲的温带地区。如今主要用于辅助治疗皮肤问题和咳嗽，也常作为菜肴中诱人的装饰。

花
夏季会开出奶黄色、白色和紫色的花朵，使野生三色堇成为欧洲著名的野生花卉。

地上部分
三色堇所含的类黄酮具有调理和强化血管作用。

叶
叶片形状多变，最底下的叶片呈椭圆形，上部叶片细长、浅裂。

12cm

生长习性
成簇生长的二年生植物或生长期较短的多年生植物，冠幅38cm。

应用部位 地上部分。

主要成分 皂素、水杨酸盐、类黄酮（包括芸香苷）、挥发油、黏液。

作用 祛痰、抗炎、利尿、抗风湿、通便。

如何使用

乳膏/药膏 常用于辅助治疗皮疹、湿疹、尿布疹或乳痂。

浸液 每日3次，每次饮用1杯标准浸液，可改善因风湿病、慢性皮肤病、泌尿系统感染和慢性传染病所引发的循环系统和免疫系统功能低下问题。

洗液 将1杯如上浸液稀释后用于清洗尿布疹、乳痂、褥疮、静脉曲张性溃疡或破损的昆虫叮咬处，有助于恢复。

糖浆 在600ml已过滤的浸液中加入450g蜂蜜或糖，煮沸后小火熬煮5~10分钟，直至形成糖浆。服用5ml可缓解支气管炎和哮喘。

酊剂 每日3次，每次将5ml酊剂溶于少量水中并服用，可减少毛细血管脆性风险、改善泌尿或皮肤问题。

如何获得

种植 推荐在全日照或半遮阴环境中种植。夏季或春季种子成熟时可在保温条件下于育苗穴中繁殖，当幼苗长至可以徒手拿捏时定植。也可在春季切下基部扦插繁殖或于秋季分株繁殖。

搜寻 可在草地和荒地发现野生品种。

采收 在夏季采集所有地上部分。花可食用，能拌沙拉或用来装饰意大利面。

注意 植株含有皂素，因此高剂量使用会导致恶心。

槲寄生

槲寄生原生于欧洲和亚洲北部，过去曾被用来辅助治疗癌症，一些现代研究证实了这种功效，除此之外，它还有助于降低血压。

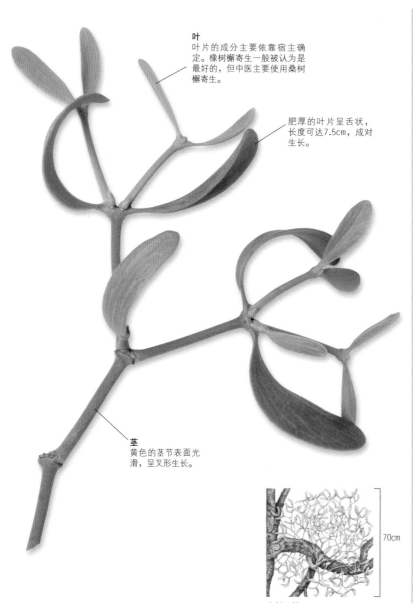

叶
叶片的成分主要依靠宿主确定。橡树槲寄生一般被认为是最好的，但中医主要使用桑树槲寄生。

肥厚的叶片呈舌状，长度可达7.5cm，成对生长。

茎
黄色的茎节表面光滑，呈叉形生长。

70cm

生长习性
茂盛地寄生在不同种类的树上，秋季开花，冬季结果。

应用部位 叶片、分枝、果实。
主要成分 生物碱、糖蛋白类、黏毒素、类黄酮、乙酰胆碱、多糖。
作用 降血压、镇静、抗炎、利尿、调理免疫系统。

如何使用

注意：必须遵医嘱使用。
浸液 每日3次，每次饮用0.5~1杯用叶片制成的标准浸液，可辅助治疗高血压、癫痫。与并头草属植物、缬草属植物、水苏属植物一起使用可辅助治疗神经疾病。每日3次，每次服用0.5杯浓度减半的浸液可缓解头痛。
酊剂 最好用新鲜植株制作，每日3次，每次服用10滴酊剂可降低血压。
流浸膏 可强健因外科手术或放射疗法等癌症治疗而变虚弱的免疫系统，剂量需咨询医师。
果实萃取物 在古代被用来治疗癌症。

如何获得

种植 在花园的树木上切开小口并将新鲜采集的成熟果实塞入其中，即可促使槲寄生的生长。
搜寻 常能在阔叶树上发现其身影，冬季更容易找到。秋季可用园艺剪刀直接剪取茎节。
采收 深秋采集叶片和分枝，冬末采集成熟的果实。

注意 避免在妊娠期使用。可能含有毒性（特别是果实），只能在专业指导下使用。

穗花牡荆

穗花牡荆原产于地中海地区，也被称为"圣洁树"。这种功效香草可以促进雌性激素的分泌，并可用于解决较多妇科问题。

花
初秋会全部盛开。长花茎上会出现淡紫色或深蓝色的花朵。

叶
叶片颜色比黄荆要暗沉。

生长习性
初秋会开出淡紫色花朵的茂盛灌木或小乔木，冠幅2~8m。

5m

应用部位 果实。
主要成分 环烯醚萜（包括珊瑚木苷和牡荆油）、挥发油（包括桉树脑）、类黄酮、生物碱、苦味素、脂肪酸。
作用 调节激素、促进黄体酮分泌、催乳。

如何使用

酊剂 在月经周期的后半程，每日起床服用2ml酊剂，可促进激素分泌，防止月经紊乱及经前综合征的产生。为避免超剂量服用，一开始需用较低剂量，如果效果不明显再慢慢加大服用量。也可缓解月经周期所引发的偏头痛或粉刺。
药剂/胶囊 遵包装说明服用，可缓解经前综合征。

如何获得

种植 推荐在全日照、温暖、排水良好的土壤中种植。秋季或春季在保温条件下播种，当幼苗长至可以徒手拿捏时移栽至直径10cm的花盆。在夏季可用半成熟的枝条扦插繁殖，植株完全长大后定植于最终位置。寒冷、干燥的冬季需要防护。在春季植株仍休眠时进行修剪。
搜寻 一般都是人工栽培为主，但也可在南欧或其他亚热带地区找到野生品种。容易和黄荆（*Vitex negundo*）混淆，后者长有苍白的叶片和花朵，原生于印度、中国。如果天气寒冷可能无法结种子。
采收 秋季采收成熟的果实。

注意 过量使用会导致蚁走感——一种类似蚂蚁在皮肤上爬行的感觉。不要同时服用黄体酮药物。非专业指导下，避免在妊娠期使用。

南非醉茄

南非醉茄原产于中东地区和印度的干燥地区，也被称为印度人参。这种植物传统上用于增强种马的力量和性能力。过去南非醉茄多被用于滋补身体，现代研究表明它含有重要的抗肿瘤活性成分。

应用部位　根系、叶片。

主要成分　生物碱（包括异石榴碱）、甾体内酯（包括醉茄内酯）、皂苷、铁。

作用　滋补、镇定神经、消炎、抗肿瘤。

如何使用

粉末/胶囊　每日3次，每次服用0.25~1g根茎粉或胶囊，可调理过度疲劳、焦虑及慢性病所引发的虚弱症状，也有助于治疗关节炎等身体老化问题。

流浸膏　每日3次，每次将2~4ml流浸膏溶于水并服用，可用来补充精力，也是缓解失眠的镇静剂。除此之外，还可用于改善贫血、压力过大或身体虚弱。

汤剂　将1平匙干燥根系和120ml牛奶或水一起炖煮15分钟制成汤剂，每次服用0.5~1杯，可缓解紧张或精力衰竭。

如何获得

种植　推荐在全日照环境下的干燥、多石土壤中种植。春季可在育苗穴中播种，并在幼苗长至可以徒手拿捏时移栽至直径7.5cm的花盆中。也可在春末通过扦插繁殖。在西方较少见到人工栽培品种。

搜寻　除原产地之外很少见到野生品种。

采收　春季可采集叶片，秋季可挖掘根茎。

注意　避免在妊娠期使用。

叶
用叶片制成的浸液是缓解疲乏、发热和失眠的传统药剂。

研究证实椭圆形的叶片具有抗癌作用。

果实
果实和叶片都能制作膏药，用于烫伤、疖痈和溃疡。

1.5m

生长习性
长有不显眼黄色花朵的直立型常绿小灌木，高1m。

玉米须

玉米作为一种粮食作物和饲料已有4000年的栽培历史，最早由阿芝特克人和玛雅人开始种植，如今已是欧洲大陆最广泛种植的作物。玉米须可以药用，包括褐色的须状部分和顶上可见的柱头，主要用于辅助治疗泌尿系统疾病。

花
雄花序被称为穗状雄花，由许多小花组成。雌花形成玉米须，从外表只能看到柱头。

叶
叶子长在茎秆的节点上，长度可达1m，宽度可达10cm。

应用部位 花柱（玉米须）、玉米粉。
主要成分 尿囊素、皂苷、类黄酮、黏液、挥发油、维生素C、维生素K、钾。
作用 利尿、缓解泌尿疼痛、提神。

如何使用

浸液 通常被认为比酊剂更有效。每日6次，每次饮用1杯标准浸液，有助于治疗膀胱炎、尿道炎、良性前列腺增生、尿潴留或尿结石。

泡茶 将1平匙干燥的玉米须、西洋龙芽草和1杯沸水混合浸泡15分钟后过滤，饮用可改善儿童尿床问题，剂量需咨询医师。

酊剂 每日3次，每次服用5~10ml酊剂，有助于治疗泌尿系统急性或慢性炎症。

糊药 将2平匙玉米粉和少量水混合成糊状，铺在纱布上，敷于溃疡和疗疮处，有助于恢复。

如何获得

种植 推荐在全日照、湿润且排水良好的土壤中种植。春季可在不入潮湿的土表撒播种子，或于花园中作为食材种植。

搜寻 世界各地都种有玉米，因此只要种植者不反对，尽可在收获前采集玉米须，用剪刀剪断玉米柱头上的褐色部分即可。

采收 可在夏季采收成熟玉米上的玉米须，风干后保存。

70cm

生长习性
一年生粮食作物，冠幅45~60cm。

香草的使用

本部分内容介绍了如何使用香草来治疗10种常见的健康问题，并介绍了超过150种实用的手工香草生活用品和创意食谱，助你从内而外地恢复健康。

✋ 健康肌肤&秀发

我们的皮肤是抵御外部世界最完美的防护，也是展示我们身体内部健康的一面镜子。有效的清洁和防护可从外部保护皮肤和秀发，但大多数皮肤问题需要由内至外的护理才能有效缓解，如皮疹、瘙痒等症状。下面的内容并不全面，但介绍了对于皮肤健康有帮助的几种重要香草。

香草	功效
金盏花 *Calendula officinalis* (P36)	一种可缓解和治疗皮肤疾病的舒缓型功效香草。金盏花浸液或稀释过的酊剂有助于治疗擦伤、外伤和溃疡，也可作为漱口水。使用金盏花制成的乳膏或浸渍油可缓解湿疹、皮疹或皮肤疼痛。
燕麦 *Avena sativa* (P33)	清洁和舒缓作用。燕麦可作为肥皂的替代品，用于清洁敏感皮肤。可将燕麦磨成粉并加入洗澡水中，或与少量水或油混合制成舒缓面膜或清洁剂。
德国洋甘菊 *Matricaria recutita* (P80)	舒缓和抗炎作用。冷却后的洋甘菊茶可作为收敛水来缓解任何红肿发炎的皮肤状况（如晒伤、荨麻疹或皮疹）。因其有镇静和抗过敏功效，饮用洋甘菊茶可减轻湿疹、皮疹等皮肤问题。
繁缕 *Stellaria media* (P111)	繁缕是一种完美的收敛和舒缓型香草，可以缓解湿疹、牛皮癣、荨麻疹或溃疡等皮肤问题。将新鲜植株研磨后，加入一点开水拌匀，而后包入纱布中，冷却呈糊状后敷于皮肤上。
牛蒡 *Arctium lappa* (P28)	净化效果最好的香草之一，可内服缓解慢性皮肤问题，如牛皮癣、湿疹、粉刺、持久性疔疮、溃疡等。可与蒲公英混合制作根茎汤剂，或服用酊剂。
薰衣草 *Lavandula angustifolia*(P74)	薰衣草的舒缓、抗炎及抗菌特性使其成为一种非常万能的香草。使用精油或冷却后的浸液可缓解皮疹、湿疹、晒伤、鹅口疮等皮肤问题。
药用蒲公英 *Taraxacum officinale* (P114)	最有名的净化香草之一。与牛蒡和红车轴草混合制成浸液，每日服用3次，连续服用几周有助于清除粉刺、湿疹、牛皮癣或其他皮肤问题。
异株荨麻 *Urtica dioica* (P124)	制成浸液后内服，有助于减轻炎症，并有抗过敏功效。与洋甘菊混合后有助于治疗荨麻疹或其他发痒皮疹。冷却后的浸液可用来冲洗头发，缓解头皮屑或头部牛皮癣。
百里香 *Thymus vulgaris* (P116)	一种可有效防腐抗菌的香草。将其精油用基础油稀释后有助于治疗真菌感染的皮肤，例如皮癣、鹅口疮和脚气。浓浸液可作为缓解感染的护肤水，可用于外伤、溃疡或牙龈疾病。
红车轴草 *Trifolium pratense* (P119)	一种能促进皮肤愈合的净化香草。与药用蒲公英和牛蒡混合后制成浸液或酊剂饮用，有助于治疗湿疹、牛皮癣、复发性疔疮或任何慢性皮肤病。

食谱和配方

红车轴草 *Trifolium pratense*

从内治愈

从外治愈

薰衣草&迷迭香护发油
让暗沉秀发重现光泽。

百里香 *Thymus vulgaris*

消化问题

过于随意的饮食习惯、服药、情绪低落，以及压力过大可能引发一连串的疾病，因此，保持消化系统运转良好，是健康生活的重要前提。若是症状加重或长期存在，则须寻求专业指导，因为它们可能导致一连串更为严重的后果。下面的内容并不全面，但介绍了对于消化系统健康有帮助的几种重要香草。

香草	功效
茴香 *Foeniculum vulgare* (P57)	一种温和的助消化剂，适用于胃部不适。咀嚼种子或服用浸液，可促进排气，缓解绞痛和疝气。
辣薄荷 *Mentha x piperita* (P84)	一种能有效缓解一系列消化问题的通用型香草。饮用浸液可缓解消化不良、肠胃胀气、晕车晕船、疝气、恶心和呕吐症状。精油制成的软胶囊可用来治疗肠易激综合征。
德国洋甘菊 *Matricaria recutita* (P80)	一种可缓解消化问题的温和香草。饮用其浸液或使用酊剂均可缓解消化不良、肠道痉挛等。这种香草很适合婴幼儿使用。
旋果蚊子草 *Filipendula ulmaria* (P56)	一种可缓解一系列由肠胃胀气或胃酸过多引发的肠胃问题的天然抗酸剂。饮用浸液有助于治疗肠胃胀气、消化性溃疡、胃酸倒流、轻度腹泻和胃炎。
柠檬香蜂草 *Melissa officinalis* (P83)	一种可显著治疗消化系统紊乱的温和舒缓型香草，对成人及儿童均有效。饮用浸液可缓解疝气、肠胃胀气、胃痉挛和任何由压力引发的消化问题。
洋甘草 *Glycyrrhiza glabra* (P62)	可缓解消化问题及便秘。与洋甘菊和旋果蚊子草混合后制成浸液，可缓解消化不良、胃酸过多和胃炎，也可与番泻叶混合使用以缓解便秘问题。
药蜀葵 *Althaea officinalis* (P23)	可缓解整个消化道的感染。与洋甘菊混合后制成浸液饮用，有助于治疗胃酸过多，口腔、胃部、十二指肠不适或过敏。
赤榆 *Ulmus rubra* (P123)	能保护和修复消化道。将赤榆和水搅成糊状并饮用，可缓解胃酸过多、胃酸倒流、胃炎、肠胃炎和腹泻。
生姜 *Zingiber officinale*	可作为一种止痉挛剂和镇吐剂，能缓解肠胃胀气、疝气、恶心、肠易激综合征、打嗝和呕吐。它同样是一种消炎药和抗菌剂，因此对治疗肠胃感染非常有效。
番泻树 *Senna alexandrina* (P109)	一种可缓解偶发性便秘的泻药。将其制成浸液并于睡前饮用，可在第二天清晨感受到肠道蠕动。加入一些洋甘草或生姜粉有助于预防肠绞痛。

食谱和配方

洋甘菊 *Matricaria recutita*

从内治愈

- 洋李&茴香果昔
  (P167)

- 花园绿叶菜汁
  (P170)

- 红甜椒&芽苗菜果蔬汁
  (P170)

- 生姜&茴香蔬菜汁
  (P171)

- 茴香&西蓝花苗蔬菜汁
  (P171)

- 番茄莎莎果蔬汁
  (P172)

- 洋蓟叶&茴香蔬菜汁
  (P173)

- 葵花子苗&小麦草蔬菜汁
  (P173)

- 洋甘菊&茴香茶
  (P178)

- 药用蒲公英&牛蒡茶
  (P180)

- 黑莓&野草莓茶
  (P181)

- 异株荨麻&猪殃殃茶
  (P184)

- 辣薄荷&百里香酊剂
  (P199)

- 蒲公英&牛蒡酊剂
  (P208)

- 西洋南瓜&生姜汤
  (P213)

- 青豆&芫荽汤
  (P214)

- 牛蒡根&胡萝卜汤
  (P215)

- 荨麻&红薯汤
  (P218)

- 人参&黄芪长寿汤
  (P219)

- 小扁豆芽&姜黄汤
  (P223)

- 旱金莲&芽苗菜沙拉
  (P227)

- 节瓜意大利面配芫荽&松子青酱
  (P228)

- 蒲公英&月见草叶沙拉
  (P230)

- 西蓝花&迷迭香沙拉
  (P232)

- 德国酸菜&牛油果沙拉
  (P234)

茴香 *Foeniculum vulgare*

- 海苔卷
  (P235)

- 薄荷&黄瓜沙拉配腰果酱
  (P236)

- 辣椒粉烤杏仁&羽衣甘蓝沙拉
  (P237)

- 亚麻子&辣椒饼干
  (P241)

西蓝花&迷迭香沙拉 一种营养丰富、可促进消化的沙拉。

◎ 体内循环

　　缺乏运动、肥胖、摄入过多饱和脂肪、吸烟和压力过大会引发心血管疾病。改善饮食习惯及经常锻炼有助于你远离心血管疾病的威胁，而简单的香草疗法也可降低身体中胆固醇水平及释放压力。若同时服用其他药物，则须咨询专业意见。下面的内容并不全面，但介绍了几种对于促进循环有帮助的重要香草。

香草	功效
异株荨麻 *Urtica dioica* (P124)	异株荨麻茶是一种可治疗贫血的补铁剂。与山楂及小叶椴混合后饮用可降血压，与益母草、草木犀组合是一种可缓解静脉曲张的传统药物。
生姜 *Zingiber officinale*	一种有效的促内循环药物和血管扩张剂，具有降低胆固醇的作用。用热水泡服生姜粉、服用酊剂或胶囊可缓解手脚发冷，并能辅助治疗动脉硬化。
山楂 *Crataegus laevigata* (P44)	用于调理心脏和体内循环，亦有助于调节心跳和降低血压。将其用作浸液、酊剂或胶囊服用均可。
西洋蓍草 *Achillea millefolium* (P12)	与小叶椴、山楂一起泡茶或制成酊剂，可降血压和缓解动脉硬化。将棉球浸泡于稀释的酊剂或冷却后的香草茶中，可止鼻血。
小叶椴 *Tilia cordata* (P118)	有助于缓解高血压引发的压力及紧张，并可用于辅助治疗动脉硬化及缓解高血压引发的头痛。常和山楂混合制成浸液或酊剂。
大蒜 *Allium sativum* (P19)	可预防胆固醇堆积，并有抗凝血功效，可防止血栓生成及动脉硬化。生食、榨汁或服用胶囊均可。
迷迭香 *Rosmarinus officinalis* (P98)	一种用于强健心脏的传统循环药剂，可改善静脉曲张，有助于预防动脉硬化。与小叶椴混合制成浸液，可缓解高血压引发的头痛。
银杏 *Ginkgo biloba* (P61)	一种促循环剂及末梢血管扩张剂。与山楂混合使用可缓解冠状动脉问题，与西洋蓍草混合可改善静脉曲张，与生姜混合可缓解手脚发冷、间歇性跛行与冻疮。
枸杞 *Lycium barbarum* (P79)	一种传统中医药物，其果实如今在西方已被视为一种"超级食物"，能调理循环系统及血液，并可缓解头晕耳鸣。根系可放松肌肉及降血压。
北美金缕梅 *Hamamelis virginiana* (P63)	将棉球浸泡于稀释的金缕梅萃取液中，并局部涂抹，可缓解发热、炎症及静脉曲张引发的瘙痒、痔疮、静脉炎和冻疮。

食谱和配方

四种水果能量条(P239) 高营养、低饱和脂肪。

西洋蓍草 *Achillea millefolium*

生姜&杜松暖脚浸液

从外治愈

女性健康

　　香草有助于治疗因月经（例如痛经、经量过多、经前综合征）、生育、私处炎症及更年期引发的一系列问题。对于持久性的症状，需要咨询专业医师。下面的内容并不全面，但介绍了几种对于女性健康有帮助的重要香草。若无专业人士指导，不要在妊娠期使用下列香草。

香草	功效
斗篷草 *Alchemilla xanthochlora* (P18)	一种可调整月经周期的收敛药。与荠菜、红树莓叶一起制成浸液，每日饮用3次，可缓解经量过多和痛经。或将冷却后的浸液用作缓解私处炎症、鹅口疮或瘙痒的洗液。
德国洋甘菊 *Matricaria recutita* (P80)	具有多种用途的舒缓型及止痉挛香草。制成的浸液或酊剂有助于缓解痛经及减轻压力。冷却后的浸液或稀释的精油可外用缓解私处瘙痒或不适。
覆盆子 *Rubus idaeus* (P99)	一种与子宫密切相关的收敛调理型香草。饮用其浸液可缓解经量过多或痛经。
穗花牡荆 *Vitex agnus-castus* (P134)	可作为经前综合征的激素调节剂，能帮助调节月经周期和缓解更年期症状。常被用于多囊卵巢综合征（PCOS）的辅助治疗。更推荐使用酊剂。
贯叶连翘 *Hypericum perforatum* (P68)	一种很有效的抗抑郁香草，经证明可缓解轻度或中度抑郁症状。对缓解焦虑和压力也有很好的疗效，有助于改善经前综合征及由更年期产生的情绪问题。
大马士革玫瑰 *Rosa x damascena* (P96)	一种具舒缓、提神及平衡功效的香草和精油。服用与益母草一起制成的浸液可缓解由经前综合征或更年期引发的压力和头痛。可将冷却后的浸液或精油用来缓解私处干燥及不适。
当归 *Angelica sinensis*	在传统中医里是一种基本的女性调理香草。可用于调节月经周期及滋阴补血。推荐服用酊剂或煲汤。
五味子 *Schisandra chinensis* (P107)	在传统中医里是一种有名的调理型香草，有助于缓解盗汗，调理更年期症状，同时还可提升精力，驱除疲劳及身体压力。推荐使用酊剂。
黑升麻 *Actaea racemosa* (P14)	一种传统用于缓解妇科问题的北美香草。有助于缓解痛经、小腹鼓胀及由经前综合征引发的不适。与鼠尾草共用可缓解更年期症状。
马鞭草 *Verbena officinalis* (P128)	一种有助于缓解疼痛、压力及紧张的止痉挛香草。可用于缓解由月经、更年期及神经衰弱引发的头痛。推荐使用浸液或酊剂。

食谱和配方

大马士革玫瑰 *Rosa x damascena*

贯叶连翘 *Hypericum perforatum*

红树莓 *Rubus idaeus*

从内治愈

- 枸杞&松子果昔
  (P164)

- 茉莉&柠檬草茶
  (P176)

- 枸杞&特纳草茶
  (P176)

- 西洋蓍草&金盏花茶
  (P180)

- 辣薄荷&金盏花浸液
  (P183)

- 问荆&玉米须茶
  (P185)

- 玫瑰花糖浆
  (P194)

- 黑升麻&鼠尾草酊剂
  (P210)

- 桦树叶&荨麻根酊剂
  (P211)

- 节瓜&海藻汤
  (P222)

- 红车轴草嫩苗&柠檬香蜂草沙拉
  (P229)

辣薄荷&金盏花浸液 这种浸液可缓解经前综合征及痛经。

男性健康

西方人通常将香草用于治疗特定问题（中医通常将其用于滋补调理），现代研究证实了一些香草对于治疗前列腺问题、不孕不育、性功能障碍和缓解压力有帮助。若症状变重或长期出现，则需要寻求专业指导。下面的内容并不全面，但介绍了几种对于男性健康有帮助的重要香草。

香草	功效
锯叶棕 *Serenoa repens*	已被证实可通过降低睾丸素水平而缓解前列腺增生，可作为辅助治疗膀胱炎或尿道炎的抗菌利尿剂，并可辅助治疗不孕不育。推荐服用酊剂或胶囊。
银杏 *Ginkgo biloba* (P61)	已被证实可促进神经末梢循环。它会对生殖器动脉和静脉血流量产生直接效果，可用于辅助治疗勃起功能障碍。可与肉桂混合制作浸液饮用或连续数月定期饮用酊剂。
特纳草 *Turnera diffusa*	可作为一种抗抑郁及提神药物，有助于改善精力不济及焦虑。同样有助于治疗早泄、性无能及性冷淡。可与其他适宜的香草一起混合制成浸液或酊剂。
南非醉茄 *Withania* *somnifera* (P135)	这种香草被用于缓解压力，有助于治疗贫血、性功能障碍及不孕不育。推荐服用酊剂或胶囊。
竹节参 *Panax ginseng* (P88)	在传统中医里，人参是最著名的补气药物，可提升精力及自身免疫力，并可缓解压力。推荐服用胶囊、酊剂或煲汤。
枸杞 *Lycium barbarum* (P79)	枸杞在西方被赞誉为"超级食物"，在传统中医里用来补血和延年益寿。服用枸杞或枸杞与特纳草混合制成的酊剂，可补充精力。
五味子 *Schisandra* *chinensis* (P107)	一种主要用于调理的香草，可保护肝脏。除此之外，也常用于补肾。与银杏一起使用可提升注意力；与特纳草一起使用可缓解压力、辅助治疗勃起功能障碍及性冷淡。推荐服用酊剂。
积雪草 *Centella asiatica* (P40)	与银杏一起使用可提高记忆力和注意力，也能辅助治疗勃起功能障碍。推荐使用浸液或酊剂。
异株荨麻 *Urtica dioica* (P124)	一些研究显示这种香草的根系对于缓解良性前列腺增生很有效果。与锯叶棕混合可制成汤剂或酊剂。
南瓜子 *Cucurbita spp.*	南瓜子富含的锌元素，是保持生殖健康必需的微量元素，对缓解前列腺及膀胱疾病尤为有效。

食谱和配方

积雪草 *Centella asiatica*

草莓&夏威夷果果昔 这种果昔既可给身体降温，又能令男性恢复战斗力。

枸杞 *Lycium barbarum*

🪥 咳嗽&感冒

防止咳嗽、感冒和流感加重或产生并发症的关键是及早治疗。下面的内容并不全面，但介绍了对于预防发烧、减少发炎或感染风险和提升自身免疫力有帮助的几种重要香草。如果几天内感冒症状没有好转或加重，则须咨询医生。

香草	功效
大蒜 *Allium sativum* (P19)	一种优秀的抗菌、抗炎助呼吸剂，有助于治疗所有类型的胸腔感染、支气管炎、感冒、流感、耳部感染。可加入食物中食用或制作止咳糖浆。
毛蕊花 *Verbascum thapsus* (P127)	一种有助于治疗刺激性咳嗽、气管炎和支气管炎的舒缓型祛痰药。可与款冬一起制成浸液服用。将毛蕊花浸渍油涂于棉球上置于外耳，可缓解耳痛。
西洋蓍草 *Achillea millefolium* (P12)	通过发汗来缓解由感冒和流感引起的发热症状，也能提升自身免疫力。可与西洋接骨木花、辣薄荷一同制成缓解感冒和流感的花草茶，每日饮用3次。避免在妊娠期服用。
紫锥菊 *Echinacea purpurea* (P50)	一种天然的抗生素和免疫提升剂，可缩短感冒和流感发作的周期。推荐服用酊剂，可与西洋接骨木果混合后服用，用于缓解咳嗽、感冒、流感、耳痛、喉咙疼痛及任何由病毒引发的感染。
蓝桉 *Eucalyptus globulus* (P53)	一种原产于澳大利亚的乔木，因其抗菌、消除充血、提高免疫力的功效而广为人知。将叶片或精油加入热水中作蒸汽吸入或按摩胸部有助于治疗感冒、流感、鼻窦炎、咳嗽、支气管炎、哮喘和喉咙感染。
土木香 *Inula helenium* (P71)	有助于清除胸腔黏液，对肺部有温热及调理效果，可用于辅助治疗任何胸腔感染、支气管炎、哮喘或慢性咳嗽。具有抗菌性，因此对于辅助治疗肺部感染很有效。推荐服用汤剂或酊剂。
洋甘草 *Glycyrrhiza glabra* (P62)	一种能抗炎化痰的香草，在中国和欧洲国家都是广受欢迎的药草。在其他适用的香草中加入洋甘草粉或酊剂可缓解咳嗽、炎症、呼吸道感染和支气管炎。
百里香 *Thymus vulgaris* (P116)	一种对包括咳嗽在内的传染病高度有效的呼吸道抗菌剂和化痰剂，用于辅助治疗喉咙和胸腔感染、支气管炎、肋膜炎和百日咳。服用浸液或将酊剂与其他适合的香草酊剂混合服用。
撒尔维亚鼠尾草 *Salvia officinalis* (P102)	一种可缓解喉咙疼痛的收敛调理香草。服用浸液或酊剂，或用其漱口可缓解喉咙疼痛、扁桃体炎、喉炎和口腔、牙龈问题。妊娠期避免使用。
西洋接骨木 *Sambucus nigra* (P104)	一种成人和儿童都可使用的传统药剂，可预防和缓解感冒、咳嗽和喉咙疼痛。具有抗病毒和激发免疫力的作用，能缩短感冒和流感的发作周期。推荐服用汤剂、糖浆或酊剂。

食谱和配方

生胡萝卜&杏仁汤　这种调理型的药汤可强健肺部，抵御如感冒等疾病。

西洋接骨木 *Sambucus nigra*

毛蕊花 *Verbascum thapus*

土木香 *Inula helenium*

✚ 急救护理

　　每个家庭都应在急救箱内预备一些简单的香草药剂，因为许多状况都需要一些急救措施，例如小创伤、昆虫叮咬、灼伤和烫伤，这些都是香草药剂可以发挥所长的地方。如果你对此有任何疑问，可先咨询专业意见。下面的内容并不全面，但介绍了对于紧急情况有帮助的几种重要香草。

香草	功效
芦荟 *Aloe vera* (P20)	具有高效的舒缓和镇静作用。可从新鲜植株上掰下叶片，切开后使用其内部的新鲜凝胶来舒缓皮疹、灼伤、烫伤及日晒带来的不适。
金盏花 *Calendula officinalis* (P36)	一种抗菌治愈型的香草。将酊剂和贯叶连翘混合后轻拍患处，或将1平匙酊剂稀释于半杯沸水中，可用作治疗擦伤的抗菌清洁剂，或将其作为修复霜使用。
德国洋甘菊 *Matricaria recutita* (P80)	具有舒缓和镇静作用。啜饮洋甘菊茶可缓解发烧、失眠和恶心，也有压惊的作用，饮用时可用蜂蜜调味。冷却后的香草茶可用作舒缓型收敛水，治疗皮肤感染和皮疹。
聚合草 *Symphytum officinale* (P112)	因其有助愈合，曾一直被称为"接骨草"。可将新鲜叶片研磨成糊后，作为膏药敷于扭伤、擦伤和溃疡处。也可将其制成浸渍油或乳膏。
紫锥菊 *Echinacea purpurea* (P50)	紫锥菊是著名的"天然抗生素"，可在关键时刻预防感染。将酊剂稀释后，可用作治疗外伤、昆虫或动物咬伤的洗液。内服也可提升免疫力。
大蒜 *Allium sativum* (P19)	具有抗菌消炎的功效。每日两次生食大蒜可缓解充血现象，有助于抑制传染。也可将一瓣新鲜的大蒜揉搓在发炎的皮肤或脓肿处。
薰衣草 *Lavandula angustifolia*(P74)	具有促进伤口愈合及消炎的功效。将薰衣草精油轻拍于皮肤上，可缓解昆虫叮咬、晒伤、轻微灼伤及烫伤带来的不适感。吸入精油可压惊，或将精油轻拍于太阳穴以缓解神经性头疼或失眠。
长叶车前草 *Plantago lanceolata* (P90)	一种具有抗组胺功效的天然舒缓型香草。将新鲜叶片捣烂后敷于皮疹、昆虫叮咬处，可抑制皮肤刺激。将其酊剂与金盏花混合，可制成具治愈效果的漱口水或用于小切口、擦伤处。
赤榆 *Ulmus rubra* (P123)	可调理胃部及缓解炎症。加水饮用后可缓解消化不良、胃炎和胃部不适。用少许水调成糊状，制成膏药，可用于拔出碎片，缓解脓肿和疖。
北美金缕梅 *Hamamelis virginiana* (P63)	这种植物因其快速镇静和舒缓的效果而闻名。将棉球浸泡于稀释过的金缕梅萃取液中并涂抹于患处，可缓解昆虫叮咬、淤伤、灼伤、晒伤和痔疮带来的不适感。

急救配方

金盏花 *Calendula officinalis*

从内治愈
- 欧洲荚蒾&缬草酊剂
  (P209)

从外治愈
- 舒缓香草膏
  (P251)

- 香茅喷雾
  (P274)

- 昆虫叮咬舒缓剂
  (P274)

- 金盏花&贯叶连翘舒缓油
  (P267)

- 茶树&百里香护足膏
  (P305)

- 生姜&杜松暖脚浸液
  (P314)

芦荟 *Aloe vera*

紫锥菊 *Echinacea purpurea*

🔋 肌肉&关节

如果你长时间站立后会出现肌肉或关节的不适症状，那就要在运动、饮食、生活方式上进行改变，并辅以使用排毒和抗炎的香草药剂。下面的内容并不全面，但介绍了对于抑制疼痛和炎症有帮助的几种重要香草。

香草	功效
蒙大拿山金车 *Arnica montana*	可作为治疗淤伤、扭伤、损伤等肌肉或关节问题的首选药剂。同样可用于缓解背痛、关节痛和风湿病。可用乳霜、浸渍油或药膏局部涂抹。
聚合草 *Symphytum officinale* (P112)	因其有助愈合的特性，曾一直被称为"接骨草"。可将新鲜叶片研磨成糊后，作为膏药敷于扭伤、擦伤、溃疡、疼痛和关节炎患处。也可将其制成浸渍油或乳膏。
旱芹 *Apium graveolens* (P26)	有排毒和抗炎作用。旱芹籽在辅助治疗痛风、风湿和关节炎方面是一种重要的药剂。可与白柳混合后制成汤剂，每日饮用3次，持续数周。也可使用酊剂。
旋果蚊子草 *Filipendula ulmaria* (P56)	有抗炎和治风湿的特性，可以缓解风湿和关节炎的疼痛和炎症。每日服用3次浸液或酊剂。
迷迭香 *Rosmarinus officinalis* (P98)	可刺激体内循环，并能给疼痛的肌肉和关节带来温和、舒适的感觉。将精油稀释后用来按摩疼痛部位。对于如肌肉拉伤类的运动伤害有非常好的治疗作用，可在运动前后用其揉搓肌肉。
贯叶连翘 *Hypericum pcrforatum* (P68)	有止痛和抗炎功效，特别适合缓解各种神经疼痛问题。用浸渍油按摩皮肤可缓解背痛、坐骨神经痛和一般神经痛。
欧洲刺柏 *Juniperus communis* (P73)	利尿、排毒和抗风湿。用其精油来按敷患处可缓解痛风。与生姜精油及植物基础油混合后使用可缓解全身肌肉不适。
欧洲荚蒾 *Viburnum opulus* (P129)	一种有效的止痉挛和镇静型香草。可缓解背痛（与白柳混合）及肌肉痉挛，推荐使用酊剂。与钩果草(*Harpagophytum procumbens*)混合使用有助于治疗关节肿胀和关节炎。
钩果草 *Harpagophytum procumbens*	一种有效的抗炎香草，有助于治疗关节肿胀和关节炎。推荐服用酊剂或胶囊，与欧洲荚蒾或白柳混合后疗效变强。
白柳 *Salix alba* (P101)	有止痛及抗炎功效。白柳在缓解疼痛方面与阿司匹林有相似的功效，有助于缓解关节和肌肉疼痛、关节炎、神经痛和坐骨神经痛。可与其他适用的香草一起混合制成汤剂或酊剂。

食谱和配方

烤大麦&栗子汤(P224) 若你正忍受着腰痛，可每周食用这种营养煲汤。

从内治愈

从外治愈

旋果蚊子草 *Filipendula ulmaria*

柠香气泡弹 这些入水后会嘶嘶作响的沐浴气泡弹含有可调节情绪的西柚、柠檬、青柠精油和新鲜迷迭香。

精神&情绪

现代生活充满压力，为了能更好地面对压力，缓解抑郁、焦虑和精神紧张，我们应该改变自己的生活方式，在改变过程中也可用香草制剂来进一步巩固和提升效果。若症状严重或长期没有改善则需寻求专业指导。下面的内容并不全面，但介绍了对精神健康有帮助的几种重要香草。

香草	功效
燕麦 *Avena sativa* (P33)	对神经系统非常有帮助，有助于改善神经过敏、精力衰竭、焦虑，以及缓解压力。可每天早晨食用燕麦或服用与其他适宜香草混合制成的酊剂。
贯叶连翘 *Hypericum perforatum* (P68)	已被证明可缓解轻度至中度抑郁症状，对于季节性情绪失调（SAD）、焦虑和精力衰竭同样有效。可服用浸液、酊剂或胶囊。在无医嘱情况下，不要和其他药物一起服用。
柠檬香蜂草 *Melissa officinalis* (P83)	一种可振奋精神、抗抑郁和助镇定的香草。可平复焦虑，缓解紧张不安和无端恐惧，对治疗失眠和头痛也非常有效。这种十分安全、可持续愉悦性的香草适用于所有人群。推荐服用浸液或酊剂。
马鞭草 *Verbena officinalis* (P128)	一种可强健神经系统的调理型香草，可缓解头痛、抑郁、精力衰竭和压力。与香蜂草和美洲黄芩混合后效果更好。推荐服用浸液或酊剂。
美洲黄芩 *Scutellaria lateriflora*(P108)	一种有止痉挛功效的重要神经症酊剂，有温和的镇定效用。用于缓解压力、焦虑、过度疲劳、偏头痛和情绪性休克。与柠檬香蜂草和洋甘菊混合后效果更好。推荐使用浸液或酊剂。
薰衣草 *Lavandula angustifolia*(P74)	具平复和镇定作用。薰衣草对于缓解压力非常有效。饮用与柠檬香蜂草混合制成的浸液可缓解神经性头痛。精油可缓解失眠。
西番莲 *Passiflora incarnata* (P89)	一种具温和镇定效果的香草，对于缓解失眠和焦虑非常有用。与洋甘菊混合后制成浸液可用于改善失眠。
南非醉茄 *Withania somnifera* (P135)	有助于提高精力和活力。推荐服用酊剂或药粉。
特纳草 *Turnera diffusa*	一种高效的抗抑郁香草，有助于恢复活力，可用于缓解焦虑和抑郁症状。可与其他香草如柠檬香蜂草一起制成浸液或酊剂服用。
琉璃苣 *Borago officinalis* (P34)	可强健在长期压力下受损的肾上腺，因此常用于缓解压力、抑郁和精力不济，但只能持续较短时间，且只能在有资质的医师指导下使用。

食谱和配方

琉璃苣 *Borago officinalis*

从内治愈

从外治愈

黑加仑&核桃能量条 可作为能量小食。

⚘ 怀孕&分娩

在缺少专业指导的情况下，在怀孕初期或哺乳期将功效香草作为日常食物食用并不安全，但一些被证实安全的香草及外用的洗液可缓解孕期常见不适症状，例如晨吐、静脉曲张，也可用于产后调理。下面的内容并不全面，但介绍了对准妈妈和新妈妈有帮助的几种重要香草。

香草	功效
生姜 *Zingiber officinale*	一种高度有效的镇吐药剂。在一满杯热水中加入几片新鲜生姜，按需啜饮，有助于缓解恶心和晨吐症状。
德国洋甘菊 *Matricaria recutita* (P80)	一种温和甚至可每日使用的香草，能平复、舒缓精神和调理消化系统。饮用一满杯浸液可缓解晨吐、压力和神经紧张，帮助入眠，还有助于消化。
北美金缕梅 *Hamamelis virginiana* (P63)	一种能修护静脉的清热收敛香草。将棉球浸于稀释后的金缕梅萃取液中，敷于疼痛的双腿、静脉曲张或痔疮处，有助于改善症状。
薰衣草 *Lavandula angustifolia*(P74)	一种镇静、抗炎的精油，在洗澡水中加入4~5滴薰衣草精油可促进产后伤口愈合。若要缓解乳腺炎，可在温水中加入3~4滴精油，用干净的毛巾按敷于患处。
亚麻子 *Linum usitassimum*	一种温和的泻药及肠道润滑剂，富含孕期非常必需的脂肪酸。在早餐的谷物或麦片中加入一勺亚麻子，可促进肠胃蠕动，预防便秘。
金盏花 *Calendula officinalis* (P36)	可高度滋润和修护肌肤。与贯叶连翘酊剂混合后稀释，可作为分娩后清洗伤口及缝线处的洗液。孕期用浸渍油按摩肌肤可预防妊娠纹。
贯叶连翘 *Hypericum perforatum* (P68)	一种有效的抗菌、止痛香草。与金盏花酊剂混合后稀释，可作为分娩后清洗伤口及缝线处的洗液；也可用来清洗破损的乳头，但在哺乳前需要用清水洗净。
覆盆子 *Rubus idaeus* (P99)	一种能帮助身体进入分娩状态的子宫调理香草，可在怀孕的最后3个月里每日饮用浸液。产后持续饮用2~3周，有助于肌肉收缩及促进乳汁分泌。
莳萝 *Anethum graveolens*	莳萝可促进乳汁分泌，还能缓解婴儿疝气及促进肠胃排气，在哺乳期可饮用以种子制成的浸液。与茴香子混合后效果更佳。
茉莉 *Jasminum officinale* (P72)	一种带有愉悦香气的精油，因其可放松情绪，帮助平静与增加信心，传统上作为助产剂使用。可稀释于基础油中，按摩于后腰处以缓解阵痛。

妊娠期慎用的香草

除非经有资质的药剂师许可，以下列出的香草不能在妊娠期内服。请注意这个名单并不详尽。用星号标出的可用于烹饪调味，但不可大量使用。

- *Achillea millefolium* 西洋蓍草
- *Actaea racemosa* 黑升麻
- *Agastache rugosa* 藿香*
- *Aloe vera* 芦荟
- *Angelica archangelica* 欧白芷
- *Apium graveolens* 芹菜
- *Aralia racemosa* 美洲甘松
- *Arctostaphylos uvaursi* 熊果
- *Artemisia absinthium* 洋艾
- *Borago officinalis* 琉璃苣
- *Calendula officinalis* 金盏花
- *Curcuma longa* 姜黄*
- *Cymbopogon citratus* 柠檬草*
- *Eupatorium cannabinum* 西洋龙芽草
- *Eupatorium purpureum* 紫苞佩兰
- *Filipendula ulmaria* 旋果蚊子草
- *Glycyrrhiza glabra* 甘草根*
- *Hydrastis canadensis* 金印草
- *Hypericum perforatum* 贯叶连翘
- *Hyssopus officinalis* 神香草

- *Inula helenium* 土木香
- *Juniperus communis* 欧洲刺柏
- *Leonurus cardiaca* 益母草
- *Levisticum officinale* 欧当归
- *Lycium barbarum* 枸杞*
- *Nepeta cataria* 猫薄荷
- *Panax japonicus* 竹节参
- *Rosa x damascena* 大马士革玫瑰
- *Rosmarinus officinalis* 迷迭香*
- *Rumex crispus* 皱叶酸模
- *Salix alba* 白柳
- *Salvia officinalis* 撒尔维亚鼠尾草
- *Saussurea costus* 广木香
- *Schisandra chinensis* 五味子
- *Senna alexandrina* 番泻叶
- *Symphytum officinale* 紫草
- *Tanacetum parthenium* 野甘菊
- *Thymus vulgaris* 百里香*
- *Trifolium pratense* 红车轴草
- *Tussilago farfara* 款冬
- *Verbena officinalis* 马鞭草

- *Viburnum opulus* 欧洲荚蒾
- *Viscum album* 槲寄生
- *Vitex agnus castus* 西洋牡荆
- *Withania somnifera* 南非醉茄

茉莉 *Jasminum officinale*
在按摩油中添加几滴茉莉精油可助产。

配方

从外治愈
- **婴儿按摩油**
  (P269)
- **婴儿浴油**
  (P269)
- **婴儿爽身粉**
  (P281)
- **准妈妈妊娠膏**
  (P304)
- **产后坐浴液**
  (P317)

薰衣草 *Lavandula angustifolia*

覆盆子 *Rubus idaeus*

由内治愈

饮料、酊剂、汤和沙拉

果汁&果昔

　　果昔是种健康、美味的饮品，可帮助身体排毒、恢复活力。可将香草和水果、谷物、坚果一起制作成果昔饮用，为人体提供维生素、矿物质、植物营养素、必需脂肪酸和蛋白质。

草莓&夏威夷果果昔

⊙ 用于男性调理

材料
半根香草荚
50g生夏威夷果
1个中等大小的椰子，将椰肉打成椰浆（也可直接使用椰汁）
250g新鲜草莓
少量椰汁（可选）

4人份
　　这是一种用草莓、椰浆和夏威夷果制成的健康混合饮料。夏威夷果富含单一不饱和脂肪酸，可降低人体胆固醇含量；椰浆可清除体热、解渴，调理男性生殖系统。

1. 用锋利的小刀剖开香草荚后刮出香草籽。

2. 在料理机中放入坚果及椰肉。

3. 加入草莓和香草籽。将所有材料打碎至顺滑。如果果昔过于浓稠，可适当添加椰汁。倒入玻璃杯并饮用。

枸杞&松子果昔

 洁净皮肤　　 保护男性泌尿系统　　保护女性泌尿系统

2人份

枸杞能提供大量氨基酸和微量元素，特别是锗元素（一种具抗癌功效的微量元素）。此外，枸杞还富含多种胡萝卜素、玉米黄素（能保护视力）、维生素C、复合维生素B和维生素E。

材料
50g杏仁
50g枸杞（新鲜或干果）
20g松子
1平匙亚麻子油
2~3片新鲜辣薄荷
350~400ml矿泉水（慢慢添加，按自
　己的喜好调节浓稠度）

做法
1. 浸泡杏仁。将杏仁在冷水中浸泡半小时，用流动的水冲洗后置于大碗中，用水浸泡过夜。第二天，剥去杏仁皮，将其放于干净的碗中，淋上矿泉水，冷藏24小时后沥干。

2. 清洗枸杞。如果是干果，则须先置于装有矿泉水的碗中浸泡数小时（要给干果留出膨胀的余地，因此水不能太少，起码要浸没枸杞），完成后沥干。

3. 将所有材料放于料理机中，加入矿泉水打匀至顺滑的丝状质地。如果感觉太浓稠，可再加少许水继续打匀。

黑加仑能量果昔

 消除炎症　　 保护大脑、预防老年痴呆

2人份

黑加仑含有丰富的维生素C、芸香苷、类黄酮和必需脂肪酸，有助于消炎及消除酸痛，同样也能调节体内循环及增强免疫力。加入温暖的米乳、一些烤过的大麦及坚果后，这种果昔可作为冬日营养早餐。

材料
50g新鲜黑加仑（或使用浸泡后的
　干果）
50g烤过的大麦（P224）
4平匙龙舌兰糖浆
4平匙椰子油
250ml米乳（未加糖）
少量矿泉水

做法
将除矿泉水外的所有材料放入料理机中打匀至顺滑。加入矿泉水以调节果昔的浓稠度。

酸樱桃&生可可果昔

 调节睡眠

2人份

　　这种果昔是长跑或其他运动前后的理想饮料，因为樱桃具有抗炎特性，能缓解运动造成的肌肉疼痛，帮助肌肉更快恢复。酸樱桃还含有天然褪黑素———一种可维护免疫系统的强大抗氧化剂。经常饮用这款果昔，可调节身体的睡眠方式。

材料
50g酸樱桃，新鲜的话需要去核，
　　也可使用干果
300ml米乳或杏仁乳
4平匙生可可或常规可可粉
4平匙去壳大麻子
4平匙亚麻子油

做法
1. 若使用酸樱桃干果，需要先将它们放入半杯矿泉水中浸泡数小时。
2. 将一半米乳或杏仁乳与剩下的材料一起放入料理机中打至顺滑，慢慢加入余下的米乳或杏仁乳并搅拌至你想要的浓稠度。

杏仁&玫瑰果昔

 调节情绪　　　　 滋润肌肤

2人份

　　杏仁是一种能强健心脏和血管的超级食物，含有镁、钾、铜、硒、锰和维生素E等营养素。杏仁还具有抗氧化特性，可降低胆固醇水平。玫瑰则能让人放松情绪。

材料
50g杏仁
300~400ml矿泉水
2.5汤匙玫瑰糖浆
4平匙杏仁油
1滴玫瑰精油（可选）
8片大马士革玫瑰花瓣（可选）

做法
1. 浸泡杏仁。将杏仁在冷水中浸泡半小时，然后用流动的水将其洗净置于大碗中，用水浸泡过夜。第二天，剥去杏仁皮，将其放于干净碗中，淋上矿泉水，冷藏24小时后沥干。
2. 将一半的矿泉水和剩余的材料放入料理机中打至顺滑。慢慢加入剩余的水直至达到你想要的浓稠度。

开心果&牛油果果昔

 提供丰富的脂肪酸　　 激发能量

2人份

　　开心果在中东传统中是一种可调理全身的药物。中医认为其有利胆作用，对肾脏也很有好处。这款添加了开心果、牛油果、大麻子油和亚麻子油的果昔能给身体带来充足的脂肪酸。

材料
50g开心果
1个牛油果，去核、去皮并切碎
1平匙大麻子油
2平匙亚麻子油
1/2个柠檬的汁
6根西芹的鲜榨汁
新鲜研磨的黑胡椒
1小撮盐
3~4片新鲜罗勒
少许矿泉水

做法
1. 在料理机中放入除矿泉水外的所有材料并打至顺滑。加入足够的矿泉水以确保果昔呈流动状而非固体状。
2. 将果昔倒入玻璃杯中，表面撒上切细的开心果。

玛卡&芒果果昔

 增加能量

2人份

　　玛卡（*Lepidium meyenii*）的口感并不好，但它能令人精力充沛，秘鲁人将其视为一种"超级食物"。这款果昔中的椰子油、亚麻子和大麻子都能为人体提供必需的脂肪酸，新鲜的成熟芒果可带来营养和美味。

材料
2个成熟的大芒果
2平匙玛卡根粉
2平匙大麻子，去壳
2平匙椰子油
1个柠檬的汁
4片新鲜辣薄荷
少许矿泉水（可选）

做法
将所有材料放入料理机中打至顺滑。如需要也可用矿泉水稀释。

洋李&茴香果昔

 排毒

2人份

这款果昔中所有的材料都有天然的通便功能，不但是治疗偶发性便秘的法宝，还是一种排毒剂。如果想让果昔更顺滑爽口，可用1勺亚麻子油和大麻子油来替代浸泡过的亚麻子和大麻子。

材料
9~10个深色大洋李
0.5平匙茴香子
2汤匙亚麻子，已浸泡
2汤匙去壳大麻子，已浸泡

做法
1. 将洋李放入锅中，加入1杯矿泉水和茴香子，煮沸后盖上锅盖，小火炖煮10~12分钟，然后放置一旁冷却。

2. 将冷却后的材料倒入料理机中，加入亚麻子和大麻子（也可用油），打至顺滑。

能量浆果果昔

 补血　　　 恢复活力

2人份

这些酸甜可口的新鲜浆果含有抗氧化、抗菌和抗癌的营养物质。它们的种子油富含大量的维生素E、维生素A和omega-3、omega-6脂肪酸，能保护心脏及肝脏。

材料
2汤匙新鲜覆盆子
2汤匙新鲜黑莓
2汤匙新鲜蓝莓
2汤匙新鲜黑加仑
2平匙巴西莓粉
800ml柠檬草浸液，已冷却（P342）
少量矿泉水（可选）
少许枫糖浆或1小撮甜叶菊粉（可选）

做法
1. 将新鲜浆果和巴西莓粉放入粉碎机或食物处理机中打匀，加入柠檬草浸液，一起打至顺滑。

2. 可按需要加少量矿泉水以达到所需的稠度。确保大部分的浆果子已被打碎，只有这样才能释放油分。也可加入枫糖浆或甜叶菊粉增加甜味。

黑莓&接骨木果果昔

 提高对感冒和流感的抵抗力

2人份

新鲜采摘的接骨木果和黑莓制作的果昔含有大量的抗氧化剂，能抵抗自由基的侵害，更能增强免疫系统。黑莓含有大量的松果菊多酚，有益人体健康，可抗病毒和病菌。接骨木果则含有钾、维生素C和维生素E。

材料

3.5个苹果，去皮、去核并切块
1/3个梨，去皮、去核并切块
12粒成熟的接骨木果，洗净并去梗
20颗成熟的黑莓，洗净

做法

1. 将所有的材料放入料理机中打至顺滑。

2. 将果昔倒入两个玻璃杯中，撒上接骨木果并淋上接骨木花糖浆（P188），以增强果昔的抗病毒功效。

注意：不要接触未成熟的接骨木果和接骨木树皮，确保使用完全成熟的接骨木果，注意不要让茎梗进入果昔中。

黑莓（*Rubus fruticosus*）是一种可调理身体、温和利尿的浆果。

花园绿叶菜汁

 排毒

2人份

　　如果你有一个蔬菜花园，那么制作提神又排毒的蔬菜汁会是解决蔬菜产量过剩问题的好方法。可以将节瓜、黄瓜和西芹与芳香的卷心菜、酸甜菜和菠菜混合使用。在蔬菜汁中加入马郁兰可促进消化，缓解腹胀问题。

材料
2把甘蓝叶
2片瑞士甜菜叶
1大把菠菜叶
半根黄瓜
1小根节瓜
3根芹菜
2片蒲公英叶（大叶片）
2枝新鲜马郁兰
少许柠檬汁（可选）

做法
将所有蔬菜和香草洗净并榨汁，充分拌匀后加入柠檬汁调整口味。如果想柠檬味更浓郁，可加入一块柠檬，混合均匀。

红甜椒&芽苗菜果蔬汁

 促进消化　　　　 促进循环

2人份

　　饮用一杯这种芳香、稍带辣味的果蔬汁是开启一天生活的完美方式。辣椒对人体十分有益，能促进新陈代谢，强健消化系统，缓解消化不良，温暖身体，特别适合在冬季饮用。夏季饮用这款果蔬汁可促进身体排汗，有清热功效。

材料
1个红甜椒，去籽并切成4等份
20g苜蓿苗
10g西蓝花苗
半根黄瓜
2~3片新鲜薄荷
半个新鲜小红辣椒，去籽

做法
将所有材料洗净后榨汁。

生姜&茴香蔬菜汁

 舒缓发炎的皮肤　　 促进消化

2人份

　　球茎茴香、西芹、黄瓜和节瓜都有镇静、消炎的功效，对于消除胃部、肺部、喉咙、皮肤和私处的炎症具有良好效用，亦有利尿、净化皮肤和滋润肺部的作用。生姜和罗勒可增加香气，消除胀气，促进消化。

材料
1个球茎茴香
1cm见方的新鲜生姜，去皮
2根西芹
半根小黄瓜
半根小节瓜
1枝新鲜罗勒

做法
将所有材料洗净后榨汁，混合均匀后立即饮用。

茴香&西蓝花苗蔬菜汁

 重建酸碱平衡　　 促进消化

2人份

　　这种蔬菜汁可利尿、清肠，有助于排出身体毒素。西蓝花苗对眼部消炎很有帮助，而胡萝卜、茴香和苜蓿苗都是碱性食物，有助于重建体内的酸碱平衡，因此能帮助治疗风湿病。

材料
1个大球茎茴香
45g西蓝花苗
45g苜蓿苗
1根大胡萝卜
2根西芹
2~3片新鲜薄荷
少许柠檬汁

做法
将所有材料洗净后榨汁，加入柠檬汁调节口味，搅拌均匀后即可饮用。

荞麦苗&豌豆苗蔬菜汁

 强健血管

2人份

　　豌豆苗和荞麦苗是酶、维生素和叶绿素的重要来源。荞麦苗含有芸香苷（4%~6%），可强健毛细血管（芸香苷属于生物类黄酮，是一种强大的抗氧化剂，可击退自由基的侵害），对治疗静脉曲张和痔疮也很有帮助。

材料
2大勺荞麦苗，细细切碎
4大勺新鲜豌豆苗
2根节瓜
1根黄瓜
2大勺新鲜马郁兰叶片
少许柠檬汁
200ml矿泉水

做法
将所有材料榨汁，加入矿泉水和柠檬汁调整口感，然后搅拌均匀。

番茄莎莎果蔬汁

 促进消化　　　 排解抑郁

2人份

　　罗勒可助于恢复元气，促进大脑思考，排解抑郁。这款果蔬汁可促进消化，净化呼吸系统，祛痰。

材料
5个成熟的番茄
半根黄瓜
1小瓣大蒜
半个红辣椒，去籽
1枝新鲜罗勒
2根西芹
1平匙特级初榨橄榄油
盐，按口味添加
1个红甜椒，去籽（可选）

做法
将所有蔬菜和香草榨汁，加入橄榄油后调味，如果感觉味道偏淡可加少许盐，然后搅拌均匀。如果想让果蔬汁呈现红色，可在榨汁时加入一个去籽的红甜椒。

洋蓟叶&茴香蔬菜汁

 排毒　　　　击退消极情绪

2人份

　　肝脏一直在清除人体体内产生的毒素。带有强烈苦味的洋蓟叶含有洋蓟素——一种可促进肝脏释放大量毒素的物质，同样也可提升肝功能。茴香、蒲公英叶、西芹和节瓜也能增加通过肾脏排出的毒素量。

材料
1平匙洋蓟叶（取自洋蓟植株），
　细细切碎
1个中等大小的球茎茴香
4片新鲜蒲公英叶
4根西芹
半根节瓜

做法
将所有材料榨汁后搅拌均匀并饮用。如果感觉蔬菜汁过苦，可用矿泉水稀释至口感能接受即可。

葵花子苗&小麦草蔬菜汁

 排毒　　　　 恢复活力

2人份

　　这种用小麦草和葵花子苗（刚发芽的小苗）制成的蔬菜汁有助于减缓细胞老化速度，还有促进消化、消除炎症的作用。这种蔬菜汁含有大量的叶绿素，能帮助肝脏排毒，因此可净化身体并提升身体能量。

材料
100g葵花子苗
100g小麦草
300ml矿泉水用于稀释及调整口感

做法
将葵花子苗和小麦草榨汁，混合均匀，并用矿泉水稀释以调整口感至可接受的程度。

花草茶

　　这些花草茶配方能让你在一杯简单的茶中体验植物的完美风味与滋养效果，可能还会促使你在自家花园中种植属于自己的美味植物。配方中提到的所有植物可以使用新鲜的，也可以使用风干的。

柠檬香蜂草&玫瑰茶

 愉悦心情

2~3人份

　　这种草本茶由能令人放松的柠檬香蜂草与能愉悦心情的玫瑰花制作而成，它们融合后能释放出属于夏季的清新气息，趁热饮用或冷却后饮用均可，口感略带苦味。用新鲜的柠檬香蜂草叶片和大马士革玫瑰(*Rosa x damascena*)花瓣制作口感最好，也可用法国蔷薇(*Rosa gallica*)替代。

材料
16片新鲜的柠檬香蜂草（也可以使用柔软的头状花序），或1大勺干燥的柠檬香蜂草
2朵玫瑰，取下花瓣或使用2大勺干燥的玫瑰花瓣

做法
1. 将新鲜的柠檬香蜂草和玫瑰花瓣放入大茶壶内，也可用干燥的柠檬香蜂草和玫瑰花瓣替代。

2. 将500ml水煮开后，冷却5分钟，倒入茶壶内，浸制5分钟后即可饮用。可重复泡制多次。

茉莉&柠檬草茶

 平复焦虑　　　促进性激素分泌

2人份

　　这种花茶也被称为亚洲爱情魔药，可以和亚洲食物完美搭配。茉莉花和柠檬草都能放松心情、平复焦虑。

材料
1根柠檬草，切碎
1大勺茉莉花
少许青柠汁

做法
1. 将茉莉花和切碎的柠檬草放入茶壶中。
2. 在100ml开水中加入20ml冷水，这样热水的温度大约在70℃。
3. 将水倒入茶壶中，待香气散发后饮用。夏天可冷藏后饮用。

枸杞&特纳草茶

  促进性激素分泌

2人份

　　特纳草有着独特的香气和风味，能缓解抑郁情绪、消除焦虑、缓解疲劳。枸杞能强健心脏、提升抵抗力及缓解更年期症状。甘草能调理肾上腺及缓解疲劳。

材料
1大勺枸杞，新鲜或干果
1平匙特纳草
0.5平匙甘草根

做法
将所有的材料放入茶壶内，用300ml开水冲泡并浸制10~15分钟后饮用。浸液可冷却后作为冷饮饮用。

注意：这种茶不适合在妊娠期饮用。

玫瑰果&越桔茶

 恢复活力

2人份

　　玫瑰果有助于补充皮肤中的健康骨胶原，越桔能提高血液流量，带来面如桃花的气色。越桔和枸杞都具有抗炎功效。这些水果都是强大的抗氧化剂，橙皮能调节消化系统，有助于提高营养素的吸收。这种茶在冷却后也非常美味。

材料
1大勺去壳玫瑰果，新鲜或干果
1大勺越桔，新鲜或干果
1平匙橙皮屑
1平匙枸杞，新鲜或干果

做法
将所有材料放入茶壶内，用300ml开水冲泡，浸制10~15分钟后过滤并饮用（过滤出的所有材料可加入早餐燕麦粥中食用）。

野甘菊&接骨木花茶

 预防花粉过敏症、感冒及流感

2人份

　　这款花茶可抗过敏并抑制过敏反应，尤其是花粉及粉尘过敏。此外，可减少出汗，预防感冒。野甘菊花有清热功效，还可保护肝脏。

材料
1/2大勺野甘菊花
1/2大勺接骨木花
1/2大勺辣薄荷
1/2大勺荨麻叶

做法
将所有材料放入茶壶内，用300ml开水冲泡，浸制后饮用。在花粉季每日可饮用3~4杯。

野甘菊(*Chrysanthemum coronarium*)
的花朵是能抵御感染，有抗菌效果。

洋甘菊&茴香茶

 促进消化

3人份

　　这些舒缓、消炎的香草都因它们对不通畅的、酸碱失衡的消化系统有很好的治疗功效而为人所知。饮用这款花草茶能促进吸收，有助于调节肠道和改善过酸的消化系统。

材料
1平匙洋甘菊花
1平匙茴香子
1平匙旋果蚊子草
1平匙药蜀葵根，细细切碎
1平匙西洋蓍草

做法
1. 将所有香草放入大茶壶中。

2. 将500ml开水倒入茶壶，浸制5分钟后饮用。每日可饮用2~3次，每次1杯。

注意：这种茶不适合在妊娠期饮用。

茴香(*Foeniculum vulgare*)（P57）是一种浓香型香草，从远古时期就有种植，带有特殊风味。

药用蒲公英&牛蒡茶

 舒缓红肿肌肤　　 调理肝脏与肾脏

3~4人份

　　这种传统的香草组合有助于解决皮肤问题，通过温和地刺激肝脏和肾脏清除毒素，从而治疗湿疹和粉刺。其抗炎特性还能改善头部、颈部和上半身的皮疹，适合任何想要排毒的人群饮用。

材料
1平匙药用蒲公英叶
1平匙牛蒡叶
1平匙猪殃殃草
1平匙红车轴草的花

做法
将所有材料放入茶壶内，倒入500ml开水，浸泡10~15分钟，每日趁热或冷却后饮用。

注意：这种茶不适合在妊娠期饮用。

西洋蓍草&金盏花茶

 消除经前综合征　　 平复情绪　　 促进内循环

3~4人份

　　这款花草中的香草对女性身体有非常大的好处：西洋蓍草和金盏花能消除小腹的血气淤滞现象，促进子宫内的血液循环；马鞭草能利肝、消除紧张；斗篷草是一种有助于消除泌尿系统充血的药剂；覆盆子叶有助于缓解痛经。

材料
1平匙西洋蓍草
1平匙金盏花
1平匙斗篷草
1平匙马鞭草
1平匙覆盆子叶

做法
将所有材料放入茶壶内，倒入500ml开水，浸泡10~15分钟，每日趁热或冷却后饮用。饮用2~4杯可止痛，如果疼痛持续应咨询医师。

注意：这种茶不适合在妊娠期饮用。

金盏花(*Calendula officinalis*)（P36）
具有收敛和消炎特性，花朵富含抗氧化物质。

美洲黄芩&橙花茶

 缓解抑郁

3~4人份

　　聚合草、贯叶连翘、水苏、柠檬香蜂草和橙花都是能消除紧张、放松身心、提升精神的功效香草。因此，这款花草茶对缓解抑郁有不错的疗效。

材料
1平匙聚合草
1平匙橙花
1平匙贯叶连翘
1平匙水苏
1平匙柠檬香蜂草

做法
将所有材料放入茶壶内，倒入500ml开水，浸泡10~15分钟，每日趁热或冷却后饮用。

注意：这种茶不适合在妊娠期饮用。

黑莓&野草莓茶

 排毒

3~4人份

　　这些浆果的叶片有修复功能，还能净化冬日受损的肌肤。春季可使用新鲜叶片来制茶，并可采收一些风干后留待冬季使用。

材料
2平匙黑莓叶
1平匙野草莓叶
1平匙覆盆子叶
1平匙黑加仑叶

做法
将所有材料放入茶壶内，倒入500ml开水，浸泡10~15分钟，每日趁热或冷却后饮用。

注意：这种茶不适合在妊娠期饮用。

酸橙（*Citrus aurantium*）的叶片、茎梗、花和成熟果实均可用作草本药剂。

辣薄荷&金盏花浸液

 调整月经周期　　 放松神经系统

4人份

　　这种浸液可缓解经前综合征所引发的紧张和痛经。辣薄荷能缓解紧张、平复情绪。益母草和马鞭草可用于治疗月经失调，放松神经系统，并可缓解紧张和疼痛。金盏花能辅助其他香草一起调理子宫。

材料
1平匙辣薄荷叶
1平匙金盏花
1平匙马鞭草
玫瑰花糖浆（P194）以增加甜味

做法
1. 将所有香草放入大茶壶中。

2. 向茶壶中倒入600ml开水，浸制20分钟，然后过滤出液体。每日2~3次，每次饮用1杯浸液，可趁热或冷却至室温饮用。

注意： 这种茶不适合在妊娠期饮用。

这款香草茶无论是使用新鲜香草还是风干的香草制作都很合适，口感略苦。

山楂花&薰衣草茶

 强健心脏、放松血管   消除负面情绪

3~4人份

有时候一些负面的情绪如失落感和自卑等,可以通过柔和、美妙的花香来舒缓。山楂能"点亮"心情,薰衣草能放松心情,玫瑰、橙花和茉莉能激发能量和信心。

材料
1平匙山楂花
1平匙薰衣草
1平匙玫瑰花蕾
1平匙橙花
1平匙茉莉花

做法
将所有材料放入茶壶内,倒入500ml开水,浸泡10~15分钟,每日趁热或冷却后饮用。

异株荨麻&猪殃殃茶

 排毒

2人份

这是种可随时饮用的温和净化香草茶。猪殃殃有助于减少皮肤水肿、消除眼袋和提亮肤色,异株荨麻能补血及通过利尿来净化身体。春季可采摘新鲜的异株荨麻和猪殃殃榨汁饮用,以净化和滋养身体。

材料
2平匙异株荨麻叫
2平匙猪殃殃

做法
将所有材料放入茶壶内,倒入300ml开水,浸泡10~15分钟,每日趁热或冷却后饮用。

毛蕊花&药蜀葵茶

 缓解干咳现象

2人份

　　毛蕊花的叶片、花朵和药蜀葵的叶片、花朵、根茎都能提供有抗炎效果的黏液来保护呼吸及泌尿系统。这种茶也能用于缓解干咳、神经性咳嗽、肺部干燥和支气管炎。药蜀葵的叶片和长叶车前草的叶片都能舒缓尿路感染。

材料
1平匙毛蕊花
1平匙药蜀葵叶
1平匙长叶车前草

做法
将所有材料放入茶壶内，倒入300ml开水，浸泡10~15分钟，每日趁热或冷却后饮用。

问荆&玉米须茶

 男性利尿剂　　 女性利尿剂

5~6人份

　　这种提神的净化茶特别适用于预防膀胱炎等泌尿系统偶发性感染。这些香草不仅能利尿，还可舒缓泌尿系统炎症，此外，还含有对人体有益的钾元素。

材料
2平匙问荆
2平匙玉米须
2平匙药用蒲公英叶
2平匙猪殃殃
2平匙长叶车前草

做法
将所有材料放入茶壶内，倒入600ml开水，浸泡10~15分钟，每日趁热或冷却后饮用。

药用蒲公英(*Citrus aurantium*)（P114）的叶片富含维生素和矿物质，是钙的重要来源。

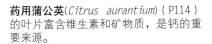

果汁浓缩液&糖浆

果汁浓缩液和糖浆可滋养身体，提升活力。这些果汁浓缩液和糖浆配方中含有天然的植物营养成分，同时还含有糖和蜂蜜，能缓解干咳、喉咙疼痛和呼吸系统的刺激。

黑莓&青柠果汁浓缩液

 舒缓喉咙疼痛　　 恢复活力

材料
1000g新鲜黑莓
4个青柠，挤出汁液
350g白糖

成品约500ml
黑莓富含抗氧化物质，常被添加于治疗感冒和喉咙疼痛的传统药剂中。这种果汁浓缩液有抗菌效用，有助于清热排毒。

1. 在锅中加入600ml水，用小火熬煮黑莓和青柠汁，约15分钟。

2. 冷却10分钟或更久，然后用滤网过滤出残余果肉。将果汁倒入干净的小锅中，加入糖，小火熬煮并搅拌至糖完全溶解后，继续煮5分钟直到液体变为黏稠的糖浆状。

3. 将黏稠的果汁倒入已消毒的瓶中，冷藏并在数日内饮用。将果汁浓缩液用碳酸饮料或矿泉水稀释后加入新鲜薄荷或青柠片，即可制成清新爽口的饮料。

接骨木果&接骨木花果汁浓缩液

 冬日调理剂

成品约500ml

接骨木花、接骨木果和新鲜生姜能提升身体的防御机能，有助于预防季节性感冒和流感；茴香子能温和地净化肺部；生姜和肉桂能给身体带来温暖；糖能滋润呼吸道及缓解由空调或暖气所引发的干咳。

材料

50g新鲜或干燥的接骨木花
100g接骨木果（若使用干果，需要先泡水）
1小根肉桂棒
1平匙茴香子
1大勺新鲜生姜，磨碎
400g白糖
半个柠檬的汁

做法

1. 将除糖和柠檬汁以外的所有材料放入锅中，加入1000ml水后盖上锅盖，小火熬煮25~30分钟。

2. 将液体过滤至量杯中。将600ml液体倒入锅中，加糖（多余的液体可作为茶来饮用）。

3. 小火熬煮并搅拌至糖全部熔化。而后加入柠檬汁，煮10~15分钟后，开盖并大火煮沸2~3分钟，关火。

4. 趁热倒入已消毒的600ml玻璃瓶中，旋紧瓶盖，贴上标签。冷却后放入冰箱冷藏并在3~4周内饮用完毕。

5. 在1杯冷水或热水中加入1大勺浓缩液作饮料饮用，或将浓缩液淋于松饼或早餐谷物上。

接骨木(*Citrus aurantium*)（P104）
是一种特别的忍冬科家族成员，在药用领域有很长的使用历史。

三色堇&生姜糖浆

 消炎

成品400~500g

　　这种由新鲜紫罗兰、生姜、车前草和鱼腥草制成的糖浆提取液很适合在春季制作，因为春季正是这些植物在花园中茂盛生长之时。紫罗兰、车前草和鱼腥草都具有抗炎效果，可祛痰。新鲜生姜可用来发汗。鱼腥草的叶片带有橙香味，能丰富生姜糖浆的口感。

材料
20g新鲜紫罗兰叶和花朵（没有的
　话，可用角堇、三色堇）
30g新鲜生姜
20g新鲜车前草叶
30g新鲜鱼腥草叶
500g蜂蜜

做法
1. 小心采摘新鲜的叶片和花朵，清洗后略晾干。

2. 将洗净的香草细细切碎后放入干净的罐子中，用蜂蜜浸没。如果有必要可多加点蜂蜜。

3. 在温暖场所（例如通风的柜子）放置5天，然后用干净的纱布或棉布过滤出香草，将蜂蜜倒入已消毒的小容器中。

4. 盖紧瓶盖，贴上标注材料和日期的标签。

5. 用冷水或热水稀释糖浆制成好喝的饮料。但它只能保存数周。

生姜（*Zingiber officinale*）的抗炎作用广为人知，有助于消除肌肉疼痛和关节痛。

柠檬香蜂草&蜂蜜果泥

 放松

成品约125g

这种果泥是用新鲜多汁的柠檬香蜂草嫩叶制成的，最适合在春末植株开始木质化、叶片老化变干之前制作。这种果泥可作为一种甜味剂添加于其他香草浸液或夏季鸡尾酒中，也可把1~2勺果泥加至开水或冰水中，制成热饮或冷饮。

材料
20g新鲜柠檬香蜂草
100g蜂蜜
1/2个柠檬的汁

做法
1. 将叶片放入料理机中，加入蜂蜜和柠檬汁，打匀成顺滑的绿色果泥。
2. 用水稀释后饮用。果泥可冷藏保存1~2周。

柠檬香蜂草(*Melissa officinalis*)（P83）
有清热、镇静和振奋精神的功效，能解热，促进消化。

玫瑰果糖浆

 保护关节健康　　 滋润肌肤

成品约700ml

　　这种糖浆可美化肌肤和保护关节健康。玫瑰果含有维生素A、维生素B_1、维生素B_2和丰富的维生素C，其抗炎性有助于缓解肌肉和关节僵硬及因关节炎引发的疼痛。此外，玫瑰果还具有抗出血、利尿和促进皮肤新生等特性。

材料
500g新鲜玫瑰果
400g糖

做法

1. 趁新鲜采摘玫瑰果，最好在第一次秋霜后采摘。

2. 将果实切成两半，用小勺去子和绒毛（玫瑰果长有小绒毛，会刺激敏感皮肤，因此需要戴手套完成此工作）。在流水下清洗已除去绒毛的玫瑰果，将可能附着的小绒毛彻底去除。

3. 将果实放置于锅内，加入600ml水，不要盖锅盖，小火熬煮20~30分钟直到果实变软，锅中水分明显减少。

4. 过滤出残渣，将液体倒入干净的小锅中，加入糖并加热让其溶化，持续搅拌。

5. 当糖溶化后，加大火力，让其沸腾2~3分钟后离火，倒入已消毒的瓶中。旋紧瓶盖并用标签标明材料及日期后冷藏，在6周内食用完毕。

野玫瑰（*Rosa canina*）（P95）富含抗氧化物质——类黄酮，同时也是维生素C的重要来源。

毛蕊花&茴香子糖浆

 化痰功效

成品约200ml

　　这种糖浆使用毛蕊花酊剂、药蜀葵根、百里香、茴香子与具有抗炎功效的车前草、甘草混合而成，可祛痰、舒缓炎症，以及缓解咳嗽。

材料
4平匙毛蕊花叶酊剂
4平匙药蜀葵根酊剂
1大勺茴香子酊剂
1大勺百里香酊剂
4平匙车前草酊剂
2平匙甘草根酊剂
100ml蜂蜜

做法
将所有酊剂和蜂蜜混合均匀后倒入已消毒的250ml玻璃瓶中。旋紧瓶盖并用标签记录所用的材料和日期。

注意：妊娠期避免服用。持久性咳嗽需要专业治疗。

玫瑰花糖浆

 放松   缓解痛经

成品约500ml

　　这种芳香的糖浆可作为草本浸液的甜味剂，也能淋于松饼或冰激淋上，或用水稀释后作为果汁饮用。深色、带有香气的大马士革玫瑰或法国蔷薇最适合用于这个配方。保持低温是制作这款糖浆的关键。

材料
225g细砂糖
1个柠檬的汁，过滤
1个橙子的汁，过滤
100g干燥的玫瑰花瓣或10朵新鲜
　玫瑰花

做法
1. 将糖溶解于300ml水中，小火加热，但不要让其沸腾，不然会导致成品浑浊。在糖水中加入已过滤的柠檬汁和橙汁，小火熬煮5分钟。

2. 15分钟后分次加入玫瑰花瓣，每次1大勺，在下一次加入前充分搅拌均匀，完成后置于一旁冷却。冷却后将糖浆过滤至已消毒的玻璃瓶中。旋紧瓶盖，贴上标签后冷藏，在6周内食用完毕。

注意：玻璃罐或玻璃瓶应先消毒，在热水中清洗瓶子和盖子，而后倒扣沥水并放入烤箱中低温（140℃）烘烤15分钟。

酸樱桃糖浆

 帮助肌肉快速恢复　　 调节睡眠

成品约600ml

　　长跑运动员可在运动前后饮用浓缩樱桃汁，因其抗炎特性能帮助肌肉快速恢复，缓解疼痛。酸樱桃亦可延缓衰老、利肝和调节睡眠。200颗酸樱桃（660g）约能制作出400ml樱桃汁。

材料
400ml新鲜压榨的酸樱桃汁
250g糖

做法

1. 将果汁倒入锅中，加入糖并慢慢加热，让糖在果汁中溶化，并持续搅拌，小火熬煮20分钟。

2. 过滤出糖浆并装入已消毒的玻璃瓶，旋紧瓶盖，冷藏并在数周内饮用完毕。

3. 用矿泉水稀释后饮用。

酸樱桃（*Prunus cerasus*）（P95）富含具有抗氧化能力的花青素、β-胡萝卜素、维生素和钾元素等有益健康的成分。

松果菊&百里香糖浆

 提升免疫力

成品约500ml

　　经常服用这种适用于所有年龄段的糖浆有助于提升身体的免疫力，抵御病毒侵害。在感冒症状初现时服用，能保持身体暖和，有效对抗感冒。这款糖浆最宜在春末制作，这时长叶车前草和百里香正生长迅猛，而新鲜松果菊和土木香也正逢收获之时。

材料

20g新鲜百里香
20g新鲜长叶车前草
20g新鲜松果菊根、茎和绿色嫩叶
10g新鲜生姜，磨碎
10g新鲜大蒜，去皮并研碎
10g新鲜土木香根
1个新鲜红辣椒，细细切碎
400ml伏特加
100g蜂蜜

做法

1. 采摘后将所有的香草原料冲洗干净并略晾干后，细细切碎。

2. 将除蜂蜜和伏特加之外的所有材料放入较大的有盖玻璃罐中。倒入伏特加，旋紧瓶盖并摇晃数次。贴上标签注明成分和日期放于阴暗的橱柜内，储存3周并每天至少摇晃1次。

3. 用纱布或棉布过滤上述液体，装入量杯内。将蜂蜜倒入碗中，并小心倒入已过滤液体，持续摇晃至蜂蜜和液体混合均匀即成糖浆。将糖浆倒入500ml的褐色玻璃瓶中，旋紧瓶盖，在瓶上贴标签，注明品名和制作日期。每日2~3次，每次服用1平匙。出现感冒症状时每日服用6平匙。这种糖浆能保存9个月。

注意：妊娠期避免饮用。

酊剂

酊剂是高度浓缩、含酒精成分的植物萃取液，比草本茶更便携、更耐储存。这些配方会告诉你如何制作简单的酊剂，并深入了解功效香草的特性。

辣薄荷&百里香酊剂

 镇静肠胃

材料
25g辣薄荷
15g百里香
25g洋甘菊
20g西洋蓍草
15g甘草根
500ml伏特加

成品约500ml

这种酊剂口感良好，甚至可作为开胃酒。它有助于促进大肠蠕动，因此能促进消化、排气，还可舒缓胃痉挛。有效期6个月。

注意： 这种酊剂不适合在妊娠期服用。

1. 将除伏特加之外的所有材料放入大玻璃罐中。

2. 用伏特加浸没后搅拌均匀，确保所有的材料都已完全浸入。盖紧瓶盖后置于阴暗的橱柜内，储存3周并每天摇晃数次。

3. 打开玻璃罐，用纱布沥出液体。将液体倒入琥珀色玻璃瓶中储存即完成酊剂制作。在酊剂瓶上贴标签，注明所用食材和日期。每次用1杯温水或冷水兑1平匙酊剂，于餐前或餐后啜饮。

接骨木果&甘草酊剂

 冬季调理

成品300~350ml

这种酊剂有助于调理免疫系统，缩短普通感冒和流感的持续周期。

材料
25g接骨木果
25g松果菊根
10g甘草根
10g生姜根，磨碎
10g肉桂棒，剁成小片
20g辣薄荷
400ml伏特加

做法

1. 确保所有干燥的材料都已细细切碎，但不要磨成粉。

2. 将除伏特加外的所有材料放入有密封条的大玻璃罐中。倒入伏特加，盖上盖子并摇晃数次。

3. 贴上标签，标出所用原料和日期。将玻璃罐置于阴暗的橱柜内，储存3周并每天至少摇晃1次。

4. 用纱布或棉布将液体过滤至量杯中，并转移到合适尺寸的（350~400ml）褐色玻璃瓶中，盖紧瓶盖。

5. 在酊剂瓶身贴上标签，标出所用材料和制作日期。开始时每日服用数滴，慢慢增加到每日服用2~3次，每次1平匙。在6个月之内用完。

注意：这种酊剂不适合在妊娠期服用。

辣薄荷（*Mentha x piperita*）（P84）
有清新的口感，其中含有的薄荷醇有
清火的功效，有助于清洁肺部。

椴花&山楂酊剂

⬤ 缓解压力　　⬤ 强心剂

成品300~350ml

　　这种酊剂对于消除由压力和焦虑引发的神经性心悸和不适很有效果。山楂和柠檬香蜂草都有强健心脏和滋养身体的功效；椴花和柠檬香蜂草能放松心情、提升睡眠质量；西洋蓍草和欧洲荚蒾能松弛血管，给心脏供给充足的血液，同时还能降血压。

材料
20g椴花
20g山楂
20g西洋蓍草
20g柠檬香蜂草
20g欧洲荚蒾
400ml伏特加

做法

1. 将所有干燥的材料细细切碎，但不要磨成粉。

2. 将除伏特加外的所有材料放入有密封条的大玻璃罐中。倒入伏特加，盖上盖子并摇晃数次。

3. 贴上标签，标出所用原料和日期。将玻璃罐置于阴暗的橱柜内，储存3周并每天至少摇晃1次。

4. 用纱布或棉布将液体过滤至量杯中，并转移到合适尺寸（350~400ml）的褐色玻璃瓶中，盖紧瓶盖。

5. 在酊剂瓶身贴上标签，标注出所用原料和制作日期。开始时每日服用数滴，慢慢增加到每日2~3次，每次1平匙。在6个月之内用完。

注意：妊娠期内，这种酊剂只能在医师指导下服用。

椴花（*Tilia cordata*）具有温和镇静的作用。

西番莲花&洋甘菊酊剂

 缓解失眠

成品300~350ml

　　缬草具有镇静作用，而酸樱桃有助于提高睡眠质量、调整生物钟。当它们混合使用时，可发挥更好的功效。

材料
20g西番莲花
20g洋甘菊
20g缬草根
30g酸樱桃，鲜果或干果
400ml伏特加

做法

1. 将所有干燥的材料细细切碎，但不要磨成粉。

2. 将除伏特加外的所有材料放入有密封条的大玻璃罐中。倒入伏特加，盖上盖子并摇晃数次。

3. 贴上标签，标出所用原料和日期。将玻璃罐置于阴暗的橱柜内，储存3周并每天至少摇晃1次。

4. 用纱布或棉布将液体过滤至量杯中，并转移到合适尺寸的（350~400ml）褐色玻璃瓶中，盖紧瓶盖。

5. 在酊剂瓶身贴上标签，标出所用原料和制作日期。开始时每日服用数滴，慢慢增加到每日2~3次，每次在傍晚和临睡前服用1平匙。在6个月之内用完。

注意：本酊剂的效用与摄入量没有必然联系，需要的是长期坚持使用。一开始最好服用较低剂量。

德国洋甘菊(*Matricaria recutita*)（P80）
是有名的具放松和舒缓作用的香草。

西洋牡荆&当归酊剂

🌸 缓解痛经　　　◯ 平复情绪

成品300~350ml

　　这种酊剂能缓解经前综合征所引发的紧张和痛经。当归能提高血流量，西洋牡荆能调节激素。两者组合能改善骨盆区的血液堵塞，从而缓解痛经。此外，这款酊剂同样能缓解焦虑、易怒及由激素变化所引发的抑郁症。

材料
20g西洋牡荆
20g当归
20g益母草
20g莱莲根皮
20g洋甘菊
400ml伏特加

做法

1. 将所有干燥的材料细细切碎，但不要磨成粉。

2. 将除伏特加外的所有材料放入有密封条的大玻璃罐中。倒入伏特加，盖上盖子并摇晃数次。

3. 贴上标签，标出所用原料和日期。将玻璃罐置于阴暗的橱柜内，储存3周并每天至少摇晃1次。

4. 用纱布或棉布将液体过滤至量杯中，并转移到合适尺寸的（350~400ml）褐色玻璃瓶中，盖紧瓶盖。

5. 在酊剂瓶身贴上标签，标出所用原料和制作日期。开始时每日服用数滴，慢慢增加到每日2~3次，每次1平匙。在6个月之内用完。

注意：这种酊剂不适合在妊娠期服用。

枸杞子&刺五加酊剂

 提升能量剂

成品300~350ml

　　这种酊剂能激发身体能量，特别是通过刺激肝脏、神经系统和免疫系统来提升抵抗力、注意力和肌体忍耐力。如果无法找到新鲜燕麦的花序（也就是燕麦最上方20cm处的部分），可使用超市中的燕麦片。

材料
25g枸杞子
25g刺五加
25g燕麦花冠或燕麦片
20g五味子
5g甘草根
400ml伏特加

做法

1. 将所有干燥的材料细细切碎，但不要磨成粉。

2. 将除伏特加外的所有材料放入有密封条的大玻璃罐中。倒入伏特加，盖上盖子并摇晃数次。

3. 贴上标签，标出所用原料和日期。将玻璃罐置于阴暗的橱柜内，储存3周并每天至少摇晃1次。

4. 用纱布或棉布将液体过滤至量杯中，并转移到合适尺寸的（350~400ml）褐色玻璃瓶中，盖紧瓶盖。

5. 在酊剂瓶身贴上标签，标出所用原料和制作日期。开始时每日服用数滴，慢慢增加到每日2~3次，每次1平匙。在6个月之内用完。

注意：这种酊剂不适合在妊娠期服用。

红车轴草&猪殃殃酊剂

 舒缓发炎的皮肤

成品300~350ml

　　这些香草都能用于辅助治疗急性及慢性皮肤炎症，包括粉刺、湿疹、牛皮癣和其他皮肤症状。这款酊剂可促进泌尿系统排出废物，促进身体排毒，并有通便的效果。但要注意的是，严重的皮肤问题还是需要就医寻求指导。

材料
15g红车轴草
15g猪殃殃
20g角菫
20g三色菫叶
20g茨黄连，细细切碎
20g积雪草
400ml伏特加

做法
1. 将所有干燥的材料细细切碎，但不要磨成粉。

2. 将除伏特加以外的所有材料放入有密封条的大玻璃罐中。倒入伏特加，盖上盖子并摇晃数次。

3. 贴上标签，标出所用原料和日期。将玻璃罐置于阴暗的橱柜内，储存3周并每天至少摇晃1次。

4. 用纱布或棉布将液体过滤至量杯中，并转移到合适尺寸的（350~400ml）褐色玻璃瓶中，盖紧瓶盖。

5. 在酊剂瓶身贴上标签，标出所用原料和制作日期。开始时每日服用数滴，慢慢增加到每日2~3次，每次1平匙。在6个月之内用完。

注意： 这种酊剂不适合在妊娠期服用。

紫锥菊&接骨木果冬日防护酊剂

 提升抵抗力，抵御感冒和流感

成品约1个月的使用量

　　这种美味的酊剂可强健免疫系统，抵御冬日传染病。新鲜的生姜能温暖身体且有抗菌功效；百里香、大蒜和辣椒也有抗菌和发汗的功效；紫锥菊的根茎可帮助我们抵抗流感的侵袭。

材料
20g新鲜生姜
80g菊根，新鲜或干燥
20g百里香，新鲜或干燥
2个蒜瓣（可选）
1个新鲜的辣椒，带籽（可选）
80g接骨木果，新鲜或干燥
500ml伏特加

做法
1. 将新鲜生姜和紫锥菊切成薄片，从茎节上摘下新鲜百里香的叶片，将大蒜和辣椒磨碎（若使用）。

2. 轻轻挤压接骨木果。将除伏特加外的所有材料放入有密封条的大玻璃罐中。倒入伏特加，盖上盖子并摇晃数次。

3. 将玻璃罐置于阴暗的橱柜内，每天查看并摇晃数次。3周后打开罐子，用纱布或棉布将液体过滤至已消毒的褐色玻璃瓶中，在酊剂瓶身贴上标签，标出所用材料和制作日期。

4. 每次用1杯温水或冷水兑5ml酊剂饮用，每日服用2~3次（可在秋季、冬季和早春服用此酊剂）。

蒲公英&牛蒡酊剂

 排毒

成品300~350ml

　　这种由苦味香草制成的酊剂能促进肝脏新陈代谢，排出残留毒素，有益消化系统。此外，还可促进血液循环，平复情绪。

材料
20g蒲公英根
20g牛蒡根
20g五味子
10g洋蓟叶
20g奶蓟
10g龙胆根
400ml伏特加

做法

1. 将所有干燥的材料细细切碎，但不要磨成粉。

2. 将除伏特加外的所有材料放入有密封条的大玻璃罐中。倒入伏特加，盖上盖子并摇晃数次。

3. 贴上标签，标出所用原料和日期。将玻璃罐置于阴暗的橱柜内，储存3周并每天至少摇晃1次。

4. 用纱布或棉布将液体过滤至量杯中，并转移到合适尺寸的（350~400ml）褐色玻璃瓶中，盖紧瓶盖。

5. 在酊剂瓶身贴上标签，标出所用原料和制作日期。开始时每日服用数滴，慢慢增加到每日2~3次，每次1平匙。在6个月之内用完。

注意：这种酊剂不适合在妊娠期服用。

欧洲荚蒾&缬草酊剂

🔲 消除小病痛　　　🔲 缓解痛经

成品300~350ml

　　这款酊剂能缓解由压力、过敏引发的不适、惊醒和由神经性消化不良引发的各种痉挛性疼痛。欧洲荚蒾有助于舒缓或消除肌肉痉挛；缬草和西番莲花具有温和镇静的效用，也能缓解过敏症状；洋甘菊具有抗炎与止痉挛的特性。

材料
25g欧洲荚蒾
25g缬草根
20g西番莲花
20g洋甘菊
400ml伏特加

做法

1. 将所有干燥的材料细细切碎，但不要磨成粉。

2. 将除伏特加外的所有材料放入有密封条的大玻璃罐中。倒入伏特加，盖上盖子并摇晃数次。

3. 贴上标签，标出所用原料和日期。将玻璃罐置于阴暗的橱柜内，储存3周并每天至少摇晃1次。

4. 用纱布或棉布将液体过滤至量杯中，并转移到合适尺寸的（350~400ml）褐色玻璃瓶中，盖紧瓶盖。

5. 在酊剂瓶身贴上标签，标出所用原料和制作日期。开始时每日服用数滴，慢慢增加到每日2~3次，每次1平匙。在6个月之内服用完。

注意：这种酊剂不适合在妊娠期服用。

黑升麻&鼠尾草酊剂

 缓解更年期症状

成品300~350ml

　　香草对于缓解经前综合征及更年期症状很有帮助。西洋牡荆能使激素水平保持稳定，黑升麻可调理子宫；鼠尾草和五味子有助于排汗；美洲黄芩也是一种缓和剂，与益母草一起使用可帮助女性振奋精神，保持充沛活力；益母草同样也可减少由潮热引发的心悸现象。

材料
20g黑升麻根
15g西洋牡荆
10g鼠尾草
20g五味子
15g益母草
400ml伏特加

做法

1. 将所有干燥的材料细细切碎，但不要磨成粉。

2. 将除伏特加外的所有材料放入有密封条的大玻璃罐中。倒入伏特加，盖上盖子并摇晃数次。

3. 贴上标签，标出所用原料和日期。将玻璃罐置于阴暗的橱柜内，储存3周并每天至少摇晃1次。

4. 用纱布或棉布将液体过滤至量杯中，并转移到合适尺寸的（350~400ml）褐色玻璃瓶中，盖紧瓶盖。

5. 在酊剂瓶身贴上标签，标出所用原料和制作日期。开始时每日服用数滴，慢慢增加到每日2~3次，每次1平匙。在6个月之内用完。

注意：这种酊剂不适合在妊娠期服用。

撒尔维亚鼠尾草（*Salvia officinalis*）（P102）
能增强体质及激发神经系统活力，并有助于提高记忆力。

桦树叶&荨麻根酊剂

 缓解男性尿路感染　　 缓解女性尿路感染

成品300~350ml

　　这种酊剂定位于缓解排尿不畅、尿潴留，消除尿酸过高，它能清除体内新陈代谢产生的废物，修护膀胱及强健泌尿系统。尿道结石患者必须在专业医师指导下才能使用。

材料
25g荨麻根
15g桦树叶
25g药用墙草
15g黑加仑叶
20g白杨或杨树皮
400ml伏特加

做法

1. 将所有干燥的材料细细切碎，但不要磨成粉。

2. 将除伏特加外的所有材料放入有密封条的大玻璃罐中。倒入伏特加，盖上盖子并摇晃数次。

3. 贴上标签，标出所用原料和日期。将玻璃罐置于阴暗的橱柜内，储存3周并每天至少摇晃1次。

4. 用纱布或棉布将液体过滤至量杯中，并转移到合适尺寸的（350~400ml）褐色玻璃瓶中，盖紧瓶盖。

5. 在酊剂瓶身贴上标签，标出所用原料和制作日期。开始时每日服用数滴，慢慢增加到每日2~3次，每次1平匙。在6个月之内用完。

注意：如果症状加重需咨询医师。这种酊剂不适合在妊娠期服用。

羹汤

以下的羹汤食谱中特别加入了有益健康的植物成分，不但对我们的身体有益，也很美味。

西洋南瓜&生姜汤

 温暖&滋补

4~6人份

这是款非常好的冬季暖汤，带有一点亚洲风味。新鲜的生姜是一种发汗剂，能温暖身体，帮助我们抵抗感冒及其他冬季传染病的侵袭。此外，还能促进消化和营养吸收。

材料
2大勺橄榄油
1kg西洋南瓜，去皮、去籽并切成小块
1根中等尺寸的大葱，切丝
4瓣大蒜，压碎
2大勺新鲜生姜，磨碎
1.5L高汤
青柠汁&果皮屑，按口味添加
盐和新鲜研磨的黑胡椒

做法
1. 在锅中加热橄榄油，放入西洋南瓜和大葱，煸炒数分钟后加入大蒜、生姜和一点点高汤，并继续翻炒直到大葱变软。倒入余下的高汤，煮沸后小火炖煮10分钟或直到西洋南瓜煮透。
2. 关火后加入青柠汁和一点青柠果皮屑，用盐和黑胡椒调味后即可食用，或用料理机搅打成浓汤。

大蒜 (*Allium sativum*)（P19）是一种很受欢迎的厨用香草，能抵御细菌感染，在烹饪后仍可保持风味。

青豆&芫荽汤

 净化

4人份

　　这款汤有助于调节血糖水平：研究证实青豆豆荚包含了与能在体内调节血糖的胰岛素类似的成分——精氨酸，但含量很微弱，且作用时间较缓慢。豆荚同样具有利尿作用。

材料

2个大土豆，去皮并切丁
2大勺橄榄油
1个洋葱，细细切碎
2根胡萝卜，洗净后切成丝
1kg青豆豆荚（新鲜为好），切丝
3瓣大蒜，切碎
1根辣椒，去籽并细细切碎
1~2平匙烟熏红椒粉
盐和新鲜研磨的黑胡椒，按口味添加
1大勺新鲜芫荽，细细切碎
4大勺半脱脂法式酸奶油，装饰用
（每份1大勺）

做法

1. 将土豆放入锅中，用水浸没后煮滚。

2. 在炒锅中热油，放入洋葱并煸炒至变软。加入胡萝卜翻炒数分钟后，倒入青豆，盖上锅盖并转小火，让其焖熟。而后放入切碎的大蒜、辣椒和烟熏红椒粉。

3. 在烹饪过程中时刻查看锅中是否有足够水分，以免粘锅或烧焦。可按需要加入1~2大勺水（最理想是用蔬菜自身的汁液）。

4. 当青豆变软（但还有嚼劲）时，加入煮过的土豆及少量煮土豆的水。

5. 将所有蔬菜一起炖煮数分钟并搅拌均匀。用盐和黑胡椒调味。

6. 把汤盛入碗中，用新鲜芫荽叶和1大勺法式酸奶油装饰。

辣椒（*Capsicum frutescens*）
能促进循环及帮助消化。

牛蒡根&胡萝卜汤

 净化

4人份

　　这是一款温和、可净化身体的汤。牛蒡根常用于缓解湿疹等皮肤问题或风湿疾病，还是一种著名的血液净化剂。它作为一种根茎蔬菜被广泛商业化种植，在亚洲大部分地区都能见到，在日本尤为受欢迎。

材料
3个红葱头，切碎
100g新鲜牛蒡根，清洗并切碎
3根大胡萝卜，清洗并切碎
2小瓣大蒜，切碎
盐和新鲜研磨的黑胡椒
1大勺新鲜欧当归叶片，切碎后
　用于装饰
少许南瓜籽油

做法
1. 在炖锅中加入2大勺水，加入红葱头并煸炒1~2分钟，不时搅拌。当红葱头变软后，倒入牛蒡根和胡萝卜，并盖上锅盖转小火，用蔬菜自身的汁水将其焖熟。

2. 每隔数分钟查看和搅拌1次，可按需要加入少量水。当蔬菜完全变软后，放入大蒜再煮数分钟。而后加入2杯沸水并继续熬煮5分钟。

3. 把汤倒入料理机中，打至顺滑。用盐和黑胡椒调味并分别盛入小碗中。用欧当归的叶片和少量南瓜籽油装饰。

欧当归（*Levisticum officinale*）（P77）
含有槲皮素———一种有抗炎等作用的类黄酮。

枸杞&薄荷汤

 令皮肤恢复活力

4人份

经过数个世纪的使用，枸杞成了著名的抗衰老食物，被誉为"超级食物"。枸杞是抗氧化剂的重要来源，同时也是一种能缓解焦虑和压力的调理剂，能让情绪更愉悦，可改善睡眠，提升精力和体力。

材料

100g干燥的枸杞
1大勺橄榄油
3个红葱头，去皮并细细切碎
2个牛心番茄，去皮并细细切碎
600ml清汤
1大勺新鲜薄荷，切碎用于装饰

做法

1. 清洗枸杞后浸泡数分钟让枸杞吸收水分。向锅中倒油，待油热后将红葱头煸炒数分钟后加入番茄和枸杞。拌炒数分钟后加入清汤，熬煮20分钟。

2. 加入薄荷叶后关火，倒入料理机中打至顺滑。上桌前用薄荷叶装饰。

注意： 在番茄的底部划十字后放入耐热的碗中，淋上热水浸没番茄并让其静置数分钟后用漏勺捞起，这时番茄皮就会很容易剥去。

荨麻&红薯汤

 洁净肌肤   春季调理剂

4人份

　　荨麻汤是一种传统的春季净化剂，可调理身体，在欧洲食用历史悠久。荨麻富含维生素和矿物质，能净化血液、去除身体毒素、降血压、提升皮肤和头发的光泽度。红薯富含维生素A，同样能帮助促进消化、去除身体毒素，还有消炎和抗干燥的功效。

材料

1大勺橄榄油
1个中等大小的洋葱或4个红葱头，
　切碎
1个中等大小的红薯，切成小块
2瓣大蒜，压碎
1L清汤
250g荨麻嫩叶，洗净并切碎
盐和新鲜研磨的黑胡椒
2~3大勺白味噌
4平匙半脱脂法式酸奶油或原味酸奶

做法

1. 在锅中倒入少许油，加热后将洋葱或红葱头和红薯一起煸炒2~3分钟。而后加入大蒜和清汤一起煮沸，小火炖煮20分钟后加入荨麻叶并关火。

2. 把汤倒入料理机中，打至顺滑。

3. 按喜好用盐、胡椒和味噌调整口味后分别盛入小碗中，表面用1平匙法式酸奶油或酸奶装饰。

人参&黄芪长寿汤

 激发能量　　　　 促进消化

4人份

　　这款汤里添加了能激发能量的材料，包括可提升能量水平，帮助久病后的人恢复精力的人参和可帮助免疫系统正常运转的黄芪根。因此，这款汤能强健肺部，帮助抵御感冒。黑木耳富含氨基酸以及磷、铁和钙元素。

材料
15g黑木耳
15g新鲜或干燥的黄芪根
15g新鲜或干燥的人参
6个红葱头，切去根部，不去皮
3瓣大蒜，切去根部，不去皮
1根大胡萝卜，去皮
2.5cm见方的生姜，切成细丝
150g新鲜香菇
150g新鲜平菇
1大片昆布，切成小片，或1平匙
　　干昆布
15g枸杞，干果需要事先浸泡
200g荞麦面
2~3大勺白味噌
1把平叶欧芹，切碎
新鲜研磨的黑胡椒

做法
1. 将黑木耳、黄芪根、人参、红葱头、大蒜、整根胡萝卜和生姜放入大锅中，用1.5L的水浸没煮沸后盖上锅盖，用非常小的火炖煮半小时。

2. 关火后将材料滤出，丢弃黄芪和人参，将大蒜和红葱头去皮，菌类切丝，胡萝卜切小块后放回汤里。加入香菇、平菇、昆布和枸杞并将汤重新加热。10分钟后，放入荞麦面，煮5~7分钟。

3. 将面分别盛入小碗中，可按个人喜好添加足够的白味噌，用欧芹和新鲜黑胡椒装饰。

生胡萝卜&杏仁汤

 强健肺部

4人份

　　这是款冷汤，特别适合在炎热的夏季午餐享用。茴香是种具有止痉挛、清热、净化功效的香草，在促进排气、帮助消化、护肾和明目方面也有着强大的效用。而加入性温的杏仁能达到平衡，也能补充额外的营养。

材料
200g整颗杏仁
150g胡萝卜，去皮并切碎
2瓣新鲜大蒜
500ml矿泉水
1/2平匙茴香子
1/4平匙黑胡椒
一小撮海盐
1大勺新鲜茴香，细细切碎

做法
1. 浸泡杏仁。让杏仁在冷水中浸泡半小时后，用流水冲洗干净。将洗净的杏仁置于大碗中，用水浸没过夜。第二天，剥去杏仁皮，将其放入干净的碗中，淋上矿泉水，冷藏24小时。

2. 将杏仁沥干，保留浸泡杏仁的水。将胡萝卜放入料理机中，加入大蒜、沥干的杏仁和1大勺浸泡杏仁的水搅打，打匀后加入剩余的水搅拌至顺滑。放入冰箱冷藏数小时直到冷却。

3. 在研磨碗中放入茴香子、黑胡椒和盐，磨成细粉。然后加入茴香叶。把汤盛装于碗中，用1平匙调味粉装饰表面。

节瓜&海藻汤

 帮助男性控制体重　　 帮助女性控制体重

4人份

　　这款汤非常健康，能滋养我们的身体。节瓜性凉，有助于增加体液，缓解干燥；海藻是矿物质的重要来源，有助于清除身体毒素，提升肾脏功能、碱化血液、帮助控制体重及降低胆固醇。

材料

1把干昆布或其他海藻，如红藻
4个红葱头，切碎
1个中等大小的球茎茴香，切碎
5个中等大小的节瓜，切片
1大勺新鲜欧芹，切碎
盐和新鲜黑胡椒，按口味添加
少许南瓜籽油

做法

1. 用至少600ml净水浸泡昆布。

2. 锅内放1大勺水并加热。放入切碎的红葱头，用小火烹煮，并不时搅拌。

3. 加入茴香和节瓜。盖上锅盖，炖煮至蔬菜变软。

4. 将昆布沥干。把烹饪过的蔬菜放入料理机中，加入切碎的欧芹和500~600ml的水，一起打至顺滑。按个人口味撒入盐和黑胡椒。

5. 将泡开的昆布分成4份，将汤分别倒入4个小碗中，昆布放于汤表面做装饰，撒上新鲜欧芹，淋上少许南瓜籽油即可。

红藻 (*Palmaria palmata*) 是一种含有丰富矿物质的海藻，生长于大西洋和太平洋的北海岸。

小扁豆芽&姜黄汤

 促进消化　　 促进组织修复

4人份

　　这款秋季暖汤中的小扁豆芽比干扁豆更容易消化，且含有非常高的营养价值。而姜黄有助于消化，对黄疸等肝部问题也有所帮助。这款汤还有抗炎功效，有助于缓解水肿和疼痛，包括风湿和关节痛。

材料
1大勺橄榄油
4个红葱头，切碎
1平匙姜黄粉
2瓣大蒜
100g新鲜香菇，切丝
200g小扁豆苗
1L自制清汤或冷水
半个柠檬，挤汁
盐和新鲜研磨的黑胡椒
1大勺芫荽，切碎

做法

1. 在炖锅中热油，加入切碎的红葱头，煸炒1分钟后放入姜黄、大蒜和蘑菇一起翻炒。倒入小扁豆和清汤或水，煮沸后小火熬煮10分钟。

2. 关火后按个人喜好加入柠檬汁、盐和胡椒调味。将汤分装于小碗中，用切碎的芫荽装饰表面。

让小扁豆发芽的方法：将150g干扁豆放入足够大的玻璃罐中（通常要3倍于扁豆的体积），在罐子的开口处扣上一块纱布或棉布，装满水后放置过夜。早晨将水倒出，冲洗罐子和小扁豆，而后倒扣让剩余的水从纱布中沥出。傍晚，再次清洗小扁豆，并让其沥干一晚。每日重复2次此步骤直到幼苗长出（2~4天）。

姜黄（*Curcuma longa*）（P45）是亚洲地区烹饪的重要材料。

烤大麦&栗子汤

 强健下肢　　　　　激发能量

4人份

这款滋补汤能补肾，能温暖我们全身的系统，十分适合于寒冷的冬季食用。冬季每周食用1次，对于会因寒冷而遭受疼痛的人们来说尤为适合。

材料

6个红葱头，切去根部，不去皮
4瓣大蒜，不去皮
2根大胡萝卜，洗净
200g块根芹，去皮和切块
2.5cm长的生姜片，洗净
150g甜栗子，新鲜或预煮
200g香菇，去柄并切成片状
2长条昆布，切成小片
100g烤过的大麦
1大勺白味噌
平叶欧芹，供装饰（可选）

做法

1. 如使用新鲜栗子，则需事先烤过（方法见下方）。

2. 将整个红葱头、大蒜、胡萝卜、块根芹和生姜放入大锅中，用500ml水浸没后炖煮。盖上锅盖，用小火煮至少1小时，需要时可添加一些水。

3. 离火，沥出食材。将大蒜和红葱头从煮过的蔬菜中捞出后去皮，再次放回汤中。

4. 加入栗子并煮沸。倒入蘑菇、昆布和烤过的大麦，炖煮15~20分钟。然后拌入白味噌，待味噌溶化后离火，分别装入小碗中，用欧芹装饰（选择使用）。

烤大麦的方法：将大麦在温水中浸泡过夜，然后将其放于烘焙纸上，上覆干净的布。当大麦仍潮湿时，将大平底锅高温加热，而后转至中火，放入1/4的大麦，持续搅拌。当大麦变成金黄色，在搅拌时发出沉闷的声响时就可出锅并置于盘中凉透。重复3次，直到所有的大麦都烤完。如果在做汤前几天提前准备大麦的话，须存放在密封容器中。

烤新鲜栗子的方法：在每颗栗子的顶部和侧面用锋利的小刀扎孔，并将它们放于烘焙纸上，放入烤箱以190℃烤20~25分钟后取出。将其包入布中，用力挤压外壳，壳裂开即可取出栗子肉。

沙拉

　　新鲜蔬菜和香草是人体营养的来源，能为人体提供养分和水分，并能提高体内废物的代谢速度。这些沙拉中的新鲜蔬菜及香草，既美味可口，又能给我们的健康带来好处。

旱金莲&芽苗菜沙拉

 排毒

2人份

　　芽苗菜是新鲜营养的重要来源，它富含矿物质，可利尿和保护肠胃，也是促进排毒的重要食物。旱金莲花能给这道沙拉带来微妙的胡椒味，并且对肺部和肾脏都有很好的修护作用。

材料
75g苜蓿苗
1个牛油果，切碎
1个大番茄，切碎
8瓣旱金莲花

沙拉汁
1大勺橄榄油
半个柠檬，挤汁
1/4平匙芥末
盐和新鲜研磨的黑胡椒，按
　个人口味添加

做法
1. 将苜蓿苗置于流水下清洗，而后放在沙拉甩干器中甩干或用干净的厨房纸巾吸干水分。

2. 将所有的沙拉汁原料混合拌匀成顺滑的油醋汁。

3. 将苜蓿苗放入碗中，加入牛油果和番茄，淋上油醋汁并搅拌均匀。在沙拉上放上旱金莲花即可食用。

节瓜意大利面配芫荽&松子青酱

 净化肌肤　　　 缓解便秘

2人份

　　夏季的午餐用节瓜丝来替代意大利面吧！节瓜有温和通便的效果，与大麻子油和南瓜子油中的脂肪酸混合后能滋养身体和净化皮肤。松子是重要的蛋白质来源，让这道菜转变为轻盈但营养丰富的一餐。

材料
1根黄节瓜
1根绿节瓜
2大勺新鲜芫荽，细细切碎
50g松子，切成粗粒
2平匙大麻子油
2平匙南瓜子油
半个柠檬，挤汁
盐和新鲜研磨的黑胡椒，按
　个人口味添加

做法
1. 将2种节瓜用刨刀刨成细长的薄片或直面状。如果不用刨刀，则用刀尽可能地切薄。

2. 把芫荽放入研磨碗中，加入松子、大麻子油和南瓜子油，研磨成青酱。

3. 在盘中放入节瓜，倒入芫荽青酱，并搅拌均匀。加入一些柠檬汁、盐和胡椒后即可食用。

芫荽 (*Coriandrum sativum*) 也就是广为人知的香菜，芫荽的叶片带有香气，茎节柔软，会开粉白色的花。

红车轴草嫩苗&柠檬香蜂草沙拉

🔘 缓解更年期症状

2人份

　　红车轴草常用于缓解更年期综合征，其花朵有助于缓解潮热、预防骨质疏松症、调节更年期妇女的激素水平，是十分受欢迎的健康食物。

材料

1根大胡萝卜，洗净
100g红车轴草嫩苗
50g西蓝花苗
1/2个芒果
1瓣大蒜，去皮
3大勺橄榄油
1个青柠的汁
盐和新鲜研磨的黑胡椒，按个人口味添加
8片新鲜的柠檬香蜂草，细细切碎

做法

1. 将胡萝卜用刨刀刨成细长的薄片或直面状。如果不用刨刀，则用刀尽可能地切薄。然后将刨好的胡萝卜和红车轴草嫩苗放入碗中。

2. 将芒果对半切开，去除果核，将果肉挖至料理机中，加入大蒜、橄榄油和青柠汁，打至顺滑，用盐和胡椒调味后制作成沙拉汁，将沙拉汁浇于蔬菜上，搅拌均匀，放入柠檬香蜂草，上桌。

注意： 你可以自行培育红车轴草和西蓝花苗，将2大勺种子放入足够大的玻璃罐中，倒入纯净水或蒸馏水，在罐子的开口处扣上一块纱布或棉布，放置过夜。第二天早晨将水倒出，换入新鲜水，而后倒扣让水从纱布中沥出，并将其倾斜45°角放置。每天早晨和傍晚重复此步骤直到幼苗可以食用（长出小绿叶需要4~5天），并在1~2天内食用完毕。

蒲公英&月见草叶沙拉

 排毒

2人份

这是早春特有的排毒沙拉，蒲公英和菊苣都是温和的利胆、利肝剂。食用这款沙拉，有助于我们的身体排出毒素。

材料
30g蒲公英叶
1平匙小葱
10g雏菊叶
10g西洋蓍草叶
20g月见草叶
10g芝麻菜
1颗菊苣
1.5大勺亚麻子油
1.5大勺柠檬汁
白胡椒，按口味添加
芝麻盐，按口味添加

做法
1. 将所有的蔬菜和香草洗净后，用沙拉甩干器甩干。

2. 将亚麻子油、柠檬汁、白胡椒和芝麻盐放入小碗中混合均匀制作成油醋汁。

3. 把甩干后的蔬菜和香草放入碗中，撒上芝麻盐并淋上酱汁。

芝麻盐的制作：将1大勺的白芝麻和1大勺的黑芝麻放入水中浸泡一晚。第二天将水倒去，沥干芝麻后放入锅中无油翻炒，加入3小撮海盐，拌匀。然后用研磨碗或料理机将芝麻打成粉后，放入密封容器中保存待用。

注意：如果正处妊娠期，则不加入西洋蓍草叶。

小葱 (*Allium schoenoprasum*) 的叶片呈中空的圆筒状，带有迷人的洋葱气息，适合用于菜肴的调味与装饰。

可食鲜花沙拉

🌀 感官享受

4人份

  这款夏日沙拉既展现了丰富的夏日色彩,又具有不同寻常的风味。其中的新鲜金盏花、旱金莲、三色堇和玫瑰花瓣都有独特的风味,因此,在决定你的鲜花沙拉版本前最好先测试你的口味接受度。

材料
50g葵花子苗（葵花子发的幼苗）
50g荞麦苗（荞麦的幼苗）
50g西蓝花苗
1个黄甜椒,切成条
1个红甜椒,切成条
1根小黄瓜,切成薄的圆片
2个成熟的番茄,切块
1大勺金盏花瓣
12朵旱金莲花,去除茎
1大勺角堇花,去除茎
1大勺带有香气的玫瑰花瓣

沙拉汁
2大勺新鲜罗勒
2大勺芝麻油
1/2瓣大蒜,去皮
1大勺料酒
1大勺柠檬或青柠汁
盐和新鲜研磨的黑胡椒,按口味添加

做法
1. 采收葵花子苗和荞麦苗,在水里洗净后放入沙拉用干器中甩干,然后置于沙拉碗中。将西蓝花苗放在流水下冲洗并甩干,放入碗中。最后放入甜椒、黄瓜和番茄。

2. 加入部分鲜花和花瓣,留一些做装饰。

3. 将所有制作沙拉汁的材料放入料理机中打匀,淋于沙拉上,轻轻拌匀。上桌前,把剩下的鲜花放在沙拉上进行装饰。

旱金莲（*Tropaeolum majus*）（P120）的叶片、花和种荚均可食用,能给沙拉和三明治带来胡椒气息和丰富的色彩。

西蓝花&迷迭香沙拉

 促进消化

2人份

西蓝花富含硫、铁和维生素B，还含有重要的抗氧化剂——萝卜硫素，可提高身体的抵抗力。但要注意，不要过度烹饪西蓝花，这样才能保留其中的叶绿素。迷迭香能促进血液循环，缓解消化不良所引发的腹部不适，还能增强记忆力。

材料

1大颗西蓝花，切成小朵
1个小牛油果，去核并去皮
2瓣大蒜，去皮
半个柠檬，挤汁
盐和新鲜磨碎的黑胡椒
1束新鲜迷迭香，摘下叶子并细细切碎
　（或使用1平匙干燥的迷迭香）
16颗橄榄，去核

做法

1. 将西蓝花切分成均匀的小朵，放入蒸锅内蒸熟。

2. 将牛油果果肉放入料理机中，和大蒜、柠檬汁、盐和胡椒一起搅打成汁，而后淋于所有食材上，特别是要让西蓝花均匀裹上酱汁。

3. 将沙拉倒入盘中，撒上切碎的迷迭香，并用橄榄装饰。

迷迭香（*Rosmarinus officinalis*）（P98）
是一种带有迷人香气的香草，长有针叶
状的叶片，香气甜蜜并带有松脂味。

德国酸菜&牛油果沙拉

 重建肠道菌群

2人份

德国酸菜在维护肠道健康方面扮演着重要的角色，它能促进有益菌的生长，从而增强肠道对营养物质的吸收。卷心菜含有对结肠和乳房健康有益的混合物质，经常食用还能抗氧化、抗菌和抗病毒侵害。腌制完成后，德国酸菜所含有的维生素C会比新鲜卷心菜多很多。

酸菜
2棵中等大小的卷心菜
2大勺盐

沙拉材料
50g苜蓿苗，洗净
1个牛油果，去核、去皮并切片
1大勺南瓜子油
新鲜研磨的黑胡椒，按口味添加

做法

1. 将卷心菜切成细丝，放入碗中，撒盐后搅拌均匀，静置半小时，用以制作德国酸菜。

2. 在卷心菜上压重物，令其快速出水。将腌过的卷心菜装入一个已消毒的玻璃罐，每次装入一把后用擀面杖的一头压实，直至装满（这时需要轻捶表面，排出空气，使其更为紧实）。而后再次用力压紧表面，留出一些空间让腌制后的泡菜有伸展的余地（汁水也会溢出）。

3. 将玻璃罐放在盘中，用一个和玻璃罐口径相仿的盘子覆盖，而后放置于通风的阴凉处（见下方注意事项）。经常检查玻璃罐并撇去表面的浮沫。1周后，酸菜就可以食用了。可冷藏保存至少2周。

4. 将125g德国酸菜和苜蓿苗等沙拉材料放在沙拉碗中，根据口味用黑胡椒调味，沙拉就制作完成了。

注意： 最理想的腌制温度是20~22℃。在24℃以上或13℃以下，卷心菜的发酵会自动终止。如果酸菜表面是浅红色并开始变黑，或非常软，呈糊状，就说明制作失败，不能食用。也可以买现成的德国酸菜，但现成的德国酸菜一般经过无菌处理，没有自制的口味好。

苜蓿（*Medicago sativa*）是豆科家族成员，会开花。原产于中东，如今遍布全世界。

海苔卷

 排毒

3~4人份

　　烘烤过的海苔不但富含营养，还非常美味，是一种健康的小食，还能用来包裹新鲜蔬菜。这个食谱中，海苔卷是一款需搭配调味汁食用的沙拉，可作为有排毒效用的轻食———一种真正生食的"三明治"。

材料

满满2大勺芝麻
5片烘烤海苔
1小个或半个大的木瓜，去皮、
　去籽并切成薄片
1个红甜椒，去籽并切成细条
1个辣椒，去籽并切成细条
10cm大葱的葱白，细细切碎

沙拉汁

1个青柠，挤汁
1瓣大蒜，磨碎
0.5平匙生姜，细细磨碎
1大勺新鲜芫荽，细细切碎
1平匙白味噌
0.5平匙青柠屑
1平匙枫糖浆
3大勺矿泉水

做法

1. 在小锅内将芝麻小火烘烤3~4分钟，不停翻炒，直到它们变为淡金黄色，并释放出香气。

2. 将制作沙拉汁的所有材料放入料理中，加入1大勺烤过的芝麻一起搅打成沙拉汁。

3. 准备1小碗水，在寿司帘或比海苔稍长稍宽的烘焙纸上铺1片海苔。

4. 在离海苔边缘2~3cm处开始平铺材料。

5. 在蔬菜上淋一些沙拉汁，并撒上一些芝麻。

6. 提起寿司帘（或烘焙纸）的一边，向中间卷起，将食材完全包裹在内。卷至末端时，可用小碗中的水沾湿手指，涂抹在海苔片的边缘，将海苔粘在一起。用同样的方法处理剩余的海苔、蔬菜和沙拉汁。

7. 在上桌时，将海苔卷切成3份，并一端朝上立于盘中，撒上烤过的芝麻，剩余的沙拉汁可作为蘸酱。

芝麻（*Sesamum indicum*）含有丰富的铁、钙、镁以及维生素B$_1$和维生素E。

薄荷&黄瓜沙拉配腰果酱

 舒缓消化系统

4人份

　　黄瓜十分清爽，因此这道菜适合夏天食用。如果在冬天也想享用，那么加入一些细细切碎的新鲜辣椒即可。幼嫩的小黄瓜更适合这道沙拉，较大的成熟黄瓜中会有大颗的籽，可用勺舀除。

材料
1根中等大小的黄瓜，去皮
少许新鲜薄荷叶，细细切碎，
用于装饰

腰果酱
75g生腰果，预先浸泡
2瓣大蒜，压碎
2平匙白味噌
2大勺新鲜挤出的柠檬汁
1大勺新鲜薄荷，细细切碎
1大勺新鲜芫荽，细细切碎

做法

1. 将黄瓜对半切开后，挖出中间大颗的籽。将黄瓜细细切碎后放于碗中。

2. 将制作腰果酱的所有材料放入料理机中，充分打匀。加入150ml水以调节酱料的稠厚度。

3. 将腰果酱浇于黄瓜上并拌匀。撒上细细切碎的薄荷。

* 译者注：薄荷雷太酱（*Minty raita*）是一种传统的印度调料酱，用薄荷、黄瓜、酸奶制成。

黄瓜（*Cucumis sativas*）是一种蔬菜，也有很多人将其视为一种水果。

辣椒粉烤杏仁&羽衣甘蓝沙拉

 促进消化

3~4人份

　　羽衣甘蓝含有硫元素且汁液可抗衰老，可辅助治疗胃溃疡和十二指肠溃疡。添加了辣椒粉可为寒冷冬日增加温暖（如果你有如上消化系统的症状，则不要添加辣椒）。

材料
2大勺切碎的杏仁
1小撮辣椒粉
0.5平匙甜椒粉
少许柠檬汁
250g羽衣甘蓝，清洗后切成小条
1大勺橄榄油

做法
1. 用中火预热厚底煎锅，加入杏仁和调料，让调料均匀包裹杏仁并烤几分钟。加入柠檬汁后，在柠檬汁煮沸前关火，放置一旁待用。

2. 用中火加热炖锅，加入两大汤匙水，水沸腾后加入羽衣甘蓝，盖上锅盖。转至小火煨煮2~3分钟。

3. 将羽衣甘蓝盛于盘中，淋上橄榄油和柠檬汁，并用杏仁装饰。

杏仁（*Prunus dulcis*）是维生素E的重要来源，且含有大量的单一不饱和脂肪，有助于降低胆固醇。

能量条

　　这些食谱将水果、坚果和谷物结合起来，为你的饮食带来更多变化。根据你对水果、坚果的喜好，能量条可以有无数种组合。

四种水果能量条

◎ 补血

材料
150g小麦粒
150g黄杏干
50g提子干
50g黑加仑
50g酸樱桃
50g核桃，浸泡4小时
　　后晾干并略烘烤
50g芝麻，用煎锅略烤

可做16条
　　酸樱桃能给这种能量条带来强烈的口感。可按喜好加入其他干果、水果或坚果来搭配酸樱桃的风味。这种能量条最好在制作当天食用，以免变质腐坏，也能保证从新鲜芽苗菜中摄取更多的营养。

1.将小麦浸泡12小时或整夜，以促进小麦发芽，彻底冲洗并放入大玻璃罐中（发芽后体积会变至2~3倍大）。用棉布覆盖罐口，并用粗橡筋在口径处固定住棉布。倾斜45°角后置于明亮处但不能让阳光直射。每日早晚通过棉布口倒入清水冲洗瓶内，再将水沥出。

2.几天后麦粒会萌发出0.5~1cm长的小芽苗。将幼苗置于清水下冲洗并沥干，铺在干净的布上将水分吸干后即可使用。将黄杏干和提子干放入粉碎机内打成糊状，加入一半芽苗菜和黑加仑后略打碎即可（不要打成糊状）。

3.将其倒入料理碗中，加入余下的芽苗菜和水果，用木勺拌匀。将核桃切成小块投入，并撒上芝麻。用擀面杖将混合物擀平或用干净的双手压平，整体高度约1cm即可。用锋利的小刀将混合物切成长方形的小块，置于网架上风干数小时。

蔓越莓&黄杏能量条

 激发能量

可做12~16条

　　大麦长期以来一直被认为是富含营养的谷物，它曾是古希腊运动员和被称为"大麦人"的罗马角斗士的主要食物。蔓越莓含有抗氧化剂，黄杏则是铁元素的重要来源，因此，这种能量条有很高的营养价值，可作为维持能量水平的随身小食。

材料
150g略烤的大麦，磨成粉
100g蔓越莓干（预先浸泡并用棉布或厨房纸巾吸干）
200g黄杏干（用水清洗并用棉布或厨房纸巾吸干）
60g开心果，粗粗切碎
40g开心果，磨粉

做法
1. 先准备大麦（方法见下方注释）。将水果和粗粗切碎的开心果放入粉碎机或食物处理机中打成厚糊，然后加入足够的大麦粉制成柔韧的面团。

2. 在台面上撒一半的开心果粉，放上面团，擀成6~8mm厚的长方形。在表面撒上余下的开心果粉并稍按压。

3. 将面团切成3cm×10cm的长方形并放于烘焙纸上。在预热50℃的烤箱内烘烤2~3小时，直到能量条干透。

4. 小心移出能量条，置于网架上晾凉，而后用包装纸或烘焙纸单独包裹，并放入罐中，置于阴凉处，能量条能保存1周以上。

注释
烤大麦的方法：在温水中浸泡过夜，沥干并置于烘焙纸上用干净棉布覆盖吸水。在大麦还潮湿时，在平底锅中高温加热。将火调至中火并加入1/4量的大麦，翻炒均匀。当大麦变黄并发出低沉的响声时，出锅并让其完全凉透。用此方法处理余下3/4的大麦。待大麦凉透后储藏在密闭容器中。在研磨碗中将烤过的大麦研碎后制成大麦粉。

亚麻子&辣椒饼干

 提供OMEGA-3脂肪酸

可做12块左右

这种健康的饼干老少咸宜。亚麻子是一种能平衡膳食的宝贵食物，含有大量的omega-3脂肪酸，在强健免疫系统和维护血管健康方面起到了重要的作用。而海藻、辣椒和新鲜欧芹的添加使得这种饼干有了更诱人的口感。

材料
250g亚麻子
5根中等大小的胡萝卜和2根西芹，
　洗净榨汁
1个小的或中等大小的辣椒（根据
　口味喜好选择），切碎
4大勺新鲜欧芹，细细切碎
4大勺红藻或昆布片
1大撮盐
少量的辣椒粉（可选）

做法
1. 在新鲜制作的胡萝卜和西芹汁中加入亚麻子，而后拌入辣椒、欧芹、昆布片、辣椒粉（可选），用盐调节口味。静置2小时，让亚麻子吸收汁液。

2. 将已浸泡的亚麻子平铺在烘焙纸上，在预热50℃的烤箱中烘烤3~4小时。

3. 用刀将饼干切成方形。厚厚的饼干可取代面包与汤一起食用。

黑加仑&核桃能量条

 激发能量

可做8条或更多

　　如果将大麦浸泡于温水中，其烹饪速度就会变慢，能最大限度地防止营养流失。烘烤过的谷物非常酥脆，可置于砧板上，用擀面杖来擀碎或研磨成碎屑。在制作完成后1~2天内趁新鲜食用完毕。

材料
250g大麦
50g核桃片
100g海枣，去核
100g黑加仑干（或蓝莓）

做法

1. 清洗大麦，将其在温水中浸泡过夜。第二天早晨，将大麦沥干后风干数分钟。留出150g大麦，将余下的放置于清洁的干布内风干至第二天。

2. 预留的150g大麦仍稍潮湿，可用来烘烤。大火加热大煎锅，而后调低温度并一次少量加入大麦。确保每次烘烤的量不过多，且每次的量较为平均。不时翻炒直到大麦都显现金色并发出沉闷的响声。

3. 待大麦冷却后，放入研磨碗中磨成细粉。

4. 用同样的方法烤核桃，烤至金黄并散发坚果香气。

5. 当大麦和核桃都处理好后，将未经过烘烤的大麦放入粉碎机或食物处理机中与去核的海枣一起打成糊状。倒入料理碗中并与黑加仑、核桃一起搅拌。在台面上撒烤过的大麦粒，倒上面糊，用擀面杖擀成长方形或用干净的手按压成型。切成条状，并置于网架上风干即可。

从外治愈

乳膏、手工皂、浸浴液和头发护理

面霜&身体乳膏

　　大部分人每天都会使用护肤品。你可以选择含有适合你肤质的植物精油和萃取物成分的护肤品。如果你的皮肤很敏感，则首先需要小范围测试是否有刺激反应。

玫瑰&牛油果身体乳膏

 滋润皮肤

材料
0.5平匙可可脂和乳木果混合油
1平匙牛油果油
2大勺玫瑰花浸液
2大勺乳化蜡
2滴玫瑰精油
3滴天竺葵精油

成品约40g

　　将滋润的可可脂、乳木果油与富含维生素的牛油果油混合，可让皮肤更柔软滋润，抚平干燥细纹。而玫瑰香气能添加奢华气息，愉悦身心。

1.熔化可可脂和乳木果油，与牛油果油一起放入碗中，坐于一锅沸水上（隔水加热）。

2.在小锅中小火加热玫瑰花浸液及乳化蜡，直到蜡在浸液中完全溶化。将浸液缓慢倒入果油混合物中，搅拌约10秒。

3.当混合液开始冷却时，加入精油。储藏在已消毒、带密封盖的玻璃容器中，于3个月内使用完毕。

积雪草&生姜纤体霜

 滋润皮肤

成品约40g

这是一种可滋润肌肤的乳霜，含有的植物精华可重塑身体线条。积雪草有消炎功效，并能促进骨胶原的形成，同时还能紧致皮肤并增加皮肤弹性。生姜精油、黑胡椒精油和柠檬精油能促进循环，也有助于紧致皮肤。

材料
1大勺杏仁油
2大勺积雪草浸液
2平匙乳化蜡
2滴黑胡椒精油
3滴生姜精油
2滴柠檬精油

做法
1. 将杏仁油倒入碗中，坐于一锅沸水上（隔水加热）。

2. 在小锅中小火加热积雪草浸液及乳化蜡，直到蜡在浸液中完全溶化。

3. 在杏仁油中慢慢加入浸液，持续搅拌。当混合液开始冷却时，加入精油。

4. 储藏在已消毒、带密封盖的深色玻璃容器中并冷藏，于2个月内使用完毕。

角堇&月见草面霜

 角堇&月见草面霜

成品约40g

这是一种温和舒缓、滋润肌肤的面霜，非常适合敏感肌肤。角堇具有镇静和舒缓发炎肌肤的作用，传统上用于缓解皮肤异常症状如湿疹。这个配方将角堇与含有人体必需脂肪酸成分的牛油果、月见草油和洋甘菊混合，能舒缓和护理娇嫩的肌肤。

材料
1平匙绵羊油
1平匙牛油果油
1平匙月见草油
2大勺角堇&洋甘菊浸液（1:1比例）
10g乳化蜡

做法
1. 将绵羊油、牛油果油和月见草油倒入碗中，坐于一锅沸水上（隔水加热）。

2. 在小锅中小火加热角堇&洋甘菊浸液及乳化蜡，直到蜡在浸液中完全溶化。

3. 在绵羊混合油中慢慢加入浸液，持续搅拌约10秒。

4. 储藏在已消毒、带密封盖的深色玻璃容器中并冷藏，于2个月内使用完毕。

乳香&野玫瑰面霜

 滋润皮肤

成品约40g

　　这种奢华的面霜可保持皮肤柔软、富有光泽。乳香有紧致皮肤、调理和抗衰老功效，玫瑰果油有助于提高皮肤弹性和阻止水分流失。橙花油提炼自苦橙树绽放的花蕾，有助于抚平细纹及造就明亮光泽的肌肤。

材料
0.5平匙可可脂
1平匙金盏花油
1平匙玫瑰果油
10g乳化蜡
2滴乳香精油
1滴橙花精油

做法
1. 将可可脂、金盏花油和玫瑰果油放入碗中，坐于一锅沸水上（隔水加热）。

2. 在小锅中小火加热乳化蜡和30ml水，直到蜡完全溶化后，慢慢加入到混合油中，持续搅拌约10秒。

3. 当混合液冷却后，滴入精油并搅匀。

4. 储藏在已消毒、带密封盖的深色玻璃容器中并冷藏，于2个月内使用完毕。

可可脂&玫瑰身体乳

 滋润皮肤

成品约100ml

　　可可脂含有丰富的抗氧化剂，可深度滋润肌肤，且极易吸收。将玫瑰与富含维生素E的小麦胚芽油混合，可舒缓和柔软皮肤。这种营养丰富的身体乳具有滋润、舒缓和镇静的作用，带有依兰精油、安息香精油和岩兰草精油的混合香气。

材料
15g可可脂
1平匙绵羊油
5大勺小麦胚芽油
3大勺玫瑰浸液
1平匙蜂蜜
25g乳化蜡
5滴安息香酊剂
5滴香草精
5滴依兰精油
2滴玫瑰精油
2滴天竺葵精油
1滴岩兰草精油

做法
1. 将可可脂、绵羊油和小麦胚芽油放入碗中，坐于一锅沸水上（隔水加热）。

2. 制作玫瑰浸液，并趁热加入蜂蜜及乳化蜡，让它们完全溶化。

3. 在可可脂和混合油中慢慢加入浸液，每次加1大勺，持续搅拌。然后加入安息香酊剂、香草精和其他精油。

4. 储藏在已消毒、带密封盖的深色玻璃容器中并冷藏，于3周内使用完毕。使用前摇匀。

天竺葵&香橙身体油

 滋润皮肤 　　　　舒缓情绪

成品约100g

　　一种深度滋润型的身体油，特别适合干性皮肤。葡萄籽油和杏仁油中含有人体必需脂肪酸，能通过提高弹性来滋润皮肤。天竺葵和香橙精油同样能紧致皮肤，并带来清爽、充满阳光的香气。

材料
1大勺蜂蜡
2大勺金盏花浸渍油
4平匙葡萄籽油
4平匙杏仁油
20滴天竺葵精油
20滴香橙精油

做法
1. 将蜂蜡、金盏花、葡萄籽油和杏仁油放入碗中，坐于一锅沸水上（隔水加热）。当混合液开始冷却时，加入精油搅拌均匀。
2. 倒入已消毒、带密封盖的深色玻璃容器中并静置，于3个月内

玫瑰身体油

 滋润皮肤 　　　　 新生

成品约100g

　　如果你想要一种带有奢华香气的身体油来滋润皮肤，这个配方就是最好的选择。这种香气十足的身体膏带有3种玫瑰的香气——玫瑰浸渍油、玫瑰精油及野玫瑰果油，可软化及滋润皮肤。天竺葵和广藿香能增加香气的层次，令其变得更特别。

材料
1大勺蜂蜡
3大勺玫瑰浸渍油
2大勺杏仁油
2平匙玫瑰果油
10滴玫瑰精油
10滴天竺葵精油
5滴广藿香精油

做法
1. 将蜂蜡、玫瑰浸渍油、杏仁油和玫瑰果油放入碗中，坐于一锅沸水上（隔水加热）。当混合液开始冷却时，加入精油并搅拌均匀。
2. 倒入已消毒、带密封盖的深色玻璃容器中并静置，于3个月内使用完毕。

薰衣草身体膏

 滋润皮肤　　 放松

成品约100g

　　这种乳状、质地厚实的身体膏带有令人放松的香气。它将能软化皮肤的椰子油和温和滋润的杏仁油混合，可令皮肤光彩照人。薰衣草及其香气扑鼻的亲缘品种——醒目薰衣草，对皮肤都具有舒缓和护理功效，还能混合出令人放松的香气。

材料
55g椰子油
2大勺杏仁油
1大勺蜂蜡
30滴薰衣草精油
10滴醒目薰衣草精油

做法
1. 将椰子油、杏仁油和蜂蜡倒入碗中，坐于一锅沸水上（隔水加热）。当混合液开始冷却时，加入精油并搅拌均匀。

2. 倒入已消毒、带密封盖的深色玻璃容器中并静置，于3个月内使用完毕。

舒缓香草膏

治疗擦伤、刮伤及刺痛

成品约40g

　　一种用途广泛的急救膏，可用来治疗碰伤、擦伤、昆虫咬和刺痛，可常备于家中。这款香草膏含有贯叶连翘、金盏花、积雪草等功效香草，与具杀菌功效的没药精油及橙花混合有助于缓解疼痛及皮肤炎症。

材料
4.5平匙金盏花浸渍油
2平匙贯叶连翘浸渍油
8g蜂蜡
12滴没药精油
12滴薰衣草精油
4滴橙花精油
4滴松果菊酊剂
4滴积雪草酊剂

做法
1. 将金盏花油、贯叶连翘油和蜂蜡倒入碗中，坐于一锅沸水上（隔水加热）。当混合液开始冷却时，加入精油和酊剂并搅拌均匀。

2. 倒入已消毒、带密封盖的深色玻璃容器中并静置，于3个月内使用完毕。

柠檬平衡滋润霜

 调理油性和问题皮肤

成品约40g

　　这种滋润霜富含矿物质，含有具消炎功效的荨麻浸液及有清洁功效的薰衣草浸液，添加的柠檬精油是由成熟果实表皮压榨后蒸馏而成的，有紧致毛孔的功效，有助于控制皮肤油性。

材料
1平匙蜂蜡
1平匙可可脂
3大勺葡萄籽油
2平匙乳化蜡
2大勺薰衣草和荨麻浸液（1:1比例）
10滴柠檬精油

做法
1. 将蜂蜡、可可脂和葡萄籽油倒入碗中，坐于一锅沸水上（隔水加热）。

2. 将乳化蜡溶解在新鲜制成的温热薰衣草和荨麻浸液中。

3. 将浸液慢慢加入混合油中，快速搅拌10秒。当混合液冷却后，滴入柠檬精油并搅匀。

4. 储藏在已消毒、带密封盖的深色玻璃容器中并冷藏，于2个月内使用完毕。

药蜀葵滋润霜

 滋润干性皮肤

成品约40g

　　一种适合干性皮肤的深度滋润霜，含有丰富的可可脂、牛油果油及杏仁油，能让皮肤保持柔软并保护水分不流失。药蜀葵精油有舒缓及软化的功效，天竺葵精油和佛手柑精油有紧致皮肤和提神的功效。

材料
1平匙蜂蜡
1平匙可可脂
1大勺牛油果油
2大勺杏仁油
2平匙乳化蜡
2大勺药蜀葵浸液
4滴天竺葵精油
5滴佛手柑精油

做法
1. 将蜂蜡、可可脂、牛油果油和杏仁油倒入碗中，坐于一锅沸水上（隔水加热）。

2. 将乳化蜡溶解在新鲜制成的温热的药蜀葵浸液中。

3. 将浸液慢慢加入混合油中，快速搅拌10秒。当混合液冷却后，滴入精油并搅匀。

4. 储藏在已消毒、带密封盖的深色玻璃容器中并冷藏，于2个月内使用完毕。

玫瑰&天竺葵滋润霜

 滋润皮肤

成品约40g

　　这是一种针对普通皮肤的轻盈滋润霜，带有新鲜的花香。黄杏中含有对皮肤有益的油脂，与轻盈、易于吸收的葡萄籽油及滋润的可可脂混合后可令皮肤更柔滑。舒缓型的玫瑰和保持水分平衡的天竺葵同样能造就柔软、水嫩的皮肤。

材料
1平匙蜂蜡
1平匙可可脂
1大勺杏核油
2平匙乳化蜡
2大勺玫瑰浸液
10滴天竺葵精油

做法

1. 将蜂蜡、可可脂、杏核油及葡萄籽油放入碗中，坐于一锅沸水上（隔水加热）。

2. 将乳化蜡溶解在新鲜制成的温热的玫瑰浸液中。

3. 将浸液慢慢加入混合油中，快速搅拌10秒。当混合液冷却后，滴入天竺葵精油并搅匀。

4. 储藏在已消毒、带密封盖的深色玻璃容器中并冷藏，于2个月内使用完毕。

洋甘菊&月见草滋润霜

 缓解湿疹

成品约100ml

　　这是一种舒缓、无香味的乳霜，可滋润娇嫩的皮肤。月见草油和琉璃苣油是天然 γ－亚油酸的最好来源，有助于舒缓干燥、发痒或发炎的肌肤。杏仁油和可可脂有滋润功效，而洋甘菊能起到润滑肌肤的作用。

材料
1平匙蜂蜡
1平匙可可脂
2大勺杏仁油
1平匙琉璃苣油
2平匙月见草油
2平匙乳化蜡
2大勺洋甘菊浸液

做法

1. 将蜂蜡、可可脂、杏仁油、琉璃苣油和月见草油放入碗中，坐于一锅沸水上（隔水加热）。

2. 将乳化蜡溶解在新鲜制成的温热的洋甘菊浸液中。

3. 将浸液慢慢加入混合油中，快速搅拌10秒。而后放置一旁待其冷却。

4. 储藏在已消毒、带密封盖的深色玻璃容器中并冷藏，于2个月内使用完毕。

薄荷护足膏

 滋润皮肤　　　 激发能量

成品约100g

　　疲惫、疼痛的双脚能从这款镇静、凉爽的护足膏中得到解放。其中的辣薄荷和留兰香成分使这款护足膏带有浓烈的清新气息。这款护足膏舒缓效果显著，可以缓解长时间步行后的不适，并有助于保持皮肤顺滑。成品可保存至少2个月。

材料
2平匙可可脂
2平匙蜂蜡
2汤匙杏仁油
1汤匙小麦胚芽油
2汤匙留兰香浸液
2平匙乳化蜡
10滴辣薄荷精油

做法
1. 将可可脂、蜂蜡、杏仁油和小麦胚芽油一起倒入碗中，坐于一锅沸水上（隔水加热），直到原材料熔化。

2. 加热留兰香浸液，但不要让它沸腾，将乳化蜡溶解其中。将油性溶液离火，慢慢加入浸液，搅拌至冷却。

3. 滴入辣薄荷精油，储藏在已消毒、带密封盖的深色玻璃容器中并冷藏。

这款镇静、舒缓的护足膏，其中的辣薄荷和留兰香都可以舒缓疲惫疼痛的双脚。

玫瑰护手霜

 滋润皮肤

成品约85g

　　这款芳香又滋润的护手霜对于体力劳动后的双手有着极好的舒缓放松效果。它含有从野玫瑰中冷榨提取、具滋润效果的玫瑰果油，以及从大马士革玫瑰中提取的舒缓型的鲜花提取物，可缓解干燥、发炎或老化的皮肤。此款护手霜还含有杏仁油和可可脂，可提升滋润度。

材料
1.5平匙可可脂
1平匙蜂蜡
1大勺杏仁油
1大勺玫瑰果油
3大勺玫瑰水
2平匙乳化蜡
10滴玫瑰精油

做法
1. 将可可脂、蜂蜡和杏仁油放入碗中，坐于一锅沸水上（隔水加热）。

2. 小火加热玫瑰水，将乳化蜡溶解其中。

3. 将玫瑰水和乳化蜡混合物慢慢加入混合油中，持续搅拌直到冷却。

4. 添加玫瑰精油并搅拌。

5. 储藏在已消毒、带密封盖的深色玻璃容器中并冷藏，于2个月内使用完毕。

大马士革玫瑰（*Rosa x damascena*)的精油大约需要250朵玫瑰花才能提炼出1ml（20滴），因此非常昂贵。

乳香&橙花护手霜

 有助于淡疤

成品约85g

　　修护性的金盏花油、滋润的可可脂、芳香疗法中常用的乳香与香橙精油组成了这种舒缓、具修复功效的护手霜。加入少许珍贵的橙花水，可提升成品的香气，亦有助于滋养干性皮肤。

材料
1.5平匙可可脂
1平匙蜂蜡
2平匙金盏花浸渍油
3大勺橙花水
2平匙乳化蜡
10滴香橙精油
5滴乳香精油

做法
1. 将可可脂、蜂蜡和金盏花油放入碗中，坐于一锅沸水上（隔水加热）。

2. 小火加热橙花水，将乳化蜡溶解其中。

3. 将橙花水和乳化蜡混合物慢慢加入混合油中，持续搅拌直到冷却。

4. 加入香橙和乳香精油并搅拌。

5. 储藏在已消毒、带密封盖的深色玻璃容器中并冷藏，于2个月内使用完毕。

身体磨砂膏

　　磨砂膏能促进体内循环，令皮肤柔滑、闪耀健康光泽。但如果你是敏感性肌肤或患有湿疹，磨砂膏就不适用，甚至可能会加重症状，而滋润或抗炎的乳霜就更为适合，例如洋甘菊&月见草滋润霜（P253）。

芦荟&接骨木花身体磨砂膏

 去角质

制作量可供使用1次

　　芦荟是一种具有舒缓和镇静作用的植物，富含维生素、氨基酸、酵素和蛋白质。这种身体磨砂膏新鲜、厚实，含有黏稠的芦荟汁和具有抗炎特性的接骨木花，再加入米粉，可使肌肤顺滑，焕发年轻活力。

材料
20g接骨木干花
2大勺芦荟汁
25g米粉
3滴安息香酊剂
4平匙原味有机酸奶
4滴薰衣草精油

做法
1. 用芦荟汁浸没接骨木花，静置15分钟。
2. 加入米粉并搅拌均匀。
3. 加入安息香酊剂、有机酸奶和薰衣草精油。以划圈手法涂抹于皮肤上。

蜂蜜&牛油果身体磨砂膏

 去角质

制作量可供使用1次

　　非常适合滋养干燥、粗糙的皮肤（但不能用于湿疹部位）。这种去角质乳膏可迅速使肌肤恢复光滑。蜂蜜是一种天然的皮肤保护剂，有清洁、舒缓的功效。当蜂蜜与可软化角质的牛油果、可滋润皮肤的橄榄油和可去角质的浮石粉混合后可缓解皮肤暗沉，改善干燥。

材料
25g磨碎的浮石
1个成熟的牛油果
1大勺蜂蜜
1大勺橄榄油
2滴柠檬香蜂草精油（可选）

做法
1. 用研磨碗将浮石磨成细粉。

2. 将牛油果放于碗内，用叉子压碎。

3. 略加热蜂蜜，倒入碗中，再倒入橄榄油（若使用柠檬香蜂草精油，也可于此时添加）。

4. 将混合物搅拌均匀。

5. 加入浮石粉并搅拌，以确保混合物成团。可立即使用。

薰衣草&海盐磨砂膏

 去角质

制作量可供使用1次

　　最简单的磨砂膏是将海盐和精油混合后立即使用。通过调节质地和盐量，可以配制最适合你肤质的配方。加入香草和精油能增添香气，让心情愉悦。这种磨砂膏含有薰衣草精油，具有令人放松的效果。

材料
2大勺海盐
1平匙薰衣草干花
2大勺杏仁油
2滴薰衣草精油

做法
1. 如果你想要质地更细腻的磨砂膏，可用研磨碗将海盐磨碎。

2. 将薰衣草花研磨成粗粉。

3. 将所有材料混合后制成糊状，可立即使用。

金盏花&燕麦身体磨砂膏

 去角质

制作量可供使用1次

　　这是一种温和清洁、舒缓并滋润肌肤的简单配方。燕麦长期以来都被用来滋润肌肤，可作为干性皮肤的清洁剂。此外，燕麦还富含天然多糖，在水中会呈现胶状，和舒缓的金盏花及可去角质的麦麸混合可以清洁并滋润皮肤。

材料
45g燕麦
20g麦麸
15g金盏花

做法
1. 将燕麦、麦麸和金盏花放入棉布包或大茶包中，封口。
2. 洗澡时，用打湿的磨砂包搓洗皮肤。

蜂蜜&香橙身体磨砂膏

 去角质

成品约50g

　　这是一种滋养的磨砂膏，能有效去角质并清洁皮肤，适合所有类型皮肤。米粉具有去角质作用，黏土可去除皮肤中的杂质，蜂蜜有滋润的作用。天竺葵和香橙精油有调理作用，并具清爽、阳光的香气。

材料
10g高岭土
30g米粉
1平匙橙花水
1大勺蜂蜜
5滴金盏花酊剂
2滴香橙精油
1滴天竺葵精油

做法
1. 在研磨碗中将高岭土和米粉一起磨成细粉。

2. 在其中加入橙花水和略加热过的蜂蜜（温热的蜂蜜更具有流动性，也更方便搅拌），将酊剂和精油也一并倒入混合。倒入已消毒、带密封盖的深色玻璃容器中保存。

3. 使用时，将磨砂膏和少许温水混合成糊状，用划圈的手法涂抹于湿润皮肤上，然后用温水冲洗干净。在2个月内使用完毕。

洋甘菊净化手部磨砂膏

 去角质

成品约40g

　　这种温和的手部清洁剂可作为肥皂的替代品，有温和去角质的功效。其中含有的燕麦成分能软化及柔滑肌肤，甘油可滋润肌肤，洋甘菊花水是天然的滋养剂，能缓解双手的疲劳。

材料
2汤匙植物甘油
15g玉米淀粉
1平匙洋甘菊花水
2平匙米粉
2平匙细细磨碎的燕麦

做法

1. 将植物甘油倒入碗中，坐于一锅沸水上（隔水加热）。

2. 慢慢加入玉米淀粉，持续搅拌直至成为糊状。

3. 离火并慢慢加入洋甘菊水，持续搅拌，随后加入米粉和燕麦并搅拌均匀。

4. 储藏在已消毒、带密封盖的深色玻璃容器中，使用方法同液体皂，于2个月内使用完毕。

柑橘&没药足部磨砂膏

 去角质

成品约40g

　　足部磨砂膏对于改善粗糙皮肤非常有效，并能清洁和滋养足部，让肌肤恢复柔软。这种磨砂膏里的浮石粉能有效去除粗糙的皮肤角质，并促进新陈代谢。而能令皮肤软化的药蜀葵浸液、可深度滋润的可可脂、营养丰富的杏核油，以及具清洁效用的柑橘精油和没药精油也能滋养皮肤。

材料
15g磨碎的浮石
10g可可脂
10g蜂蜡
3大勺杏核油
10g乳化蜡
2大勺药蜀葵浸液
12滴没药精油
8滴柑橘精油

做法
1. 用研磨碗将浮石磨成细粉。

2. 将可可脂、蜂蜡和杏核油一起放入碗中，坐于一锅沸水上（隔水加热），待所有原材料熔化后离火。

3. 将乳化蜡溶解在新鲜制作的温热的药蜀葵浸液中。在混合油中慢慢加入浸液，持续搅拌至冷却。

4. 加入浮石粉和精油并搅拌均匀。

5. 储藏在已消毒、带密封盖的深色玻璃容器中并冷藏，于3个月内使用完毕。

药蜀葵（*Althaea officinalis*）（P23）的叶片风干后常用于制作浸液、膏药和流浸膏。

身体护理油

　　使用有调理、养护和滋润作用的身体护理油来按摩或舒缓肌肤是一种真正的享受。如果你的皮肤很敏感，则首先需要小范围测试护肤品是否有刺激反应。

薰衣草&佛手柑舒缓身体油

 滋润皮肤　　　　　 放松

成品约100ml

　　一种用浓香的天竺葵精油、舒缓的薰衣草精油、镇静的私柏精油，以及清新、可振奋精神的佛手柑精油一起制成的能松弛神经的芳香疗法用油。这种用不同的植物精油混合而成的身体油有助于重现肌肤的弹性，并可最大限度地避免水分流失。可保存6个月以上。

材料
4平匙杏仁油
4平匙葵花子油
4平匙椰子油
4平匙葡萄籽油
2平匙牛油果油
2平匙小麦胚芽油
10滴天竺葵精油
10滴佛手柑精油
10滴薰衣草精油
10滴丝柏精油

做法
将基础油和精油混合均匀。储藏在已消毒、带密封盖的深色玻璃容器中，避免阳光直射。

身体唤醒油

 滋润皮肤　　　　○ 激发能量

成品约100ml

　　这种身体油由各种营养丰富的植物精油制成，富含天然必需脂肪酸、矿物质和维生素，可使肌肤重现光泽和柔软。这种有唤醒效用的身体油含有辣薄荷精油、杜松精油、薰衣草精油和迷迭香精油，能促进肌肤的新陈代谢，令你精神充沛。

材料
4平匙杏仁油
4平匙葵花子油
4平匙椰子油
4平匙葡萄籽油
2平匙牛油果油
2平匙小麦胚芽油
10滴薰衣草精油
10滴辣薄荷精油
10滴杜松精油
10滴迷迭香精油

做法
将所有材料混合均匀。储藏在已消毒、带密封盖的深色玻璃容器中，在3个月内使用完毕。

天竺葵&香橙身体油

 滋润皮肤　　　　 重获活力

成品约100ml

　　这种营养丰富的身体油能同时给你的身体和大脑带来愉悦感。它是一种全能型的护理油，带有清爽的香气。天竺葵精油对皮肤有平衡调理的效用，在芳香疗法中多用于缓解焦虑及紧张，而香橙精油则有紧致肌肤和提神作用。

材料
2.5大勺杏仁油
2.5大勺葵花子油
4平匙金盏花浸渍油
20滴天竺葵精油
20滴香橙精油

做法
将所有材料混合均匀。储藏在已消毒、带密封盖的深色玻璃容器中，在3个月内使用完毕。

排毒身体油

 滋润皮肤　　 促进循环

成品约100ml

　　这种可促进循环及排毒的身体油还可紧实肌肤，令肌肤更柔滑。为了达到更好的效果，可在浸浴或淋浴前，用天然鬃毛刷清洁干燥的肌肤，而后用身体油按摩全身。

材料
2.5大勺大豆油
2.5大勺杏仁油
4平匙小麦胚芽油
5滴柠檬精油
5滴乳香精油
5滴香橙精油
2滴杜松精油
2滴黑胡椒精油
2滴岩兰草精油
2滴尤加利精油

做法
将所有材料混合均匀。储藏在已消毒、带密封盖的深色玻璃容器中，在3个月内使用完毕。

金盏花&贯叶连翘舒缓油

舒缓晒伤和带状疱疹

制作量可供使用1次

　　即使懂得在阳光下保护肌肤，有时也会意外被烈日晒伤，晒伤后可以使用这种舒缓油来缓解不适。但它不能作为防晒油在日晒前涂抹，因为贯叶连翘精油具有感光性。另外，这种舒缓油还能用来缓解带状疱疹的疼痛。

材料
1平匙金盏花油
1平匙贯叶连翘精油
2滴薰衣草精油

做法
将所有材料混合均匀后轻轻涂抹于皮肤上。

柠檬 (*Citrus limon*) 能清洁和紧实皮肤。

芝麻&大豆身体油

 滋养皮肤

成品约100ml

如果你正准备去度假，记得带上这款能深度滋养皮肤的身体油，它可修复因日晒和海边活动引起的皮肤脱水症状。芝麻油富含抗氧化剂维生素E，椰子油能滋润肌肤，葡萄籽油和大豆油能给皮肤添加必需脂肪酸，苦橙叶精油可带来清新的香气。

材料
2.5大勺大豆油
2.5大勺芝麻油
2.5大勺椰子油
4平匙葡萄籽油
40滴苦橙叶精油
5滴薰衣草精油

做法
将所有材料混合均匀。储藏在已消毒、带密封盖的深色玻璃容器中，在3个月内使用完毕。

椰子&青柠身体油

 滋养皮肤

成品约60ml

椰子油能滋养肌肤且极易被吸收，与含有维生素E的小麦胚芽油及能深度滋润皮肤的可可脂混合能给暗沉、干燥的皮肤带来光泽。少许几滴青柠精油能给身体油带来清新的香气。晚上涂抹可令肌肤持续一整夜的滋润效果。

材料
2平匙小麦胚芽油
20g可可脂
3.5大勺椰子油
10滴青柠精油
5滴安息香酊剂

做法
1. 将所有材料混合均匀（如果需要，也可将可可脂和椰子油先隔水加热至熔化成液体后再与其他材料拌匀）。
2. 储藏在已消毒、带密封盖的深色玻璃容器中，在3个月内使用完毕。

婴儿按摩油

 适合婴儿　　　　　○ 放松

成品约100ml

　　这是一种温和、舒缓的身体油，可用于娇嫩肌肤。玫瑰、薰衣草和罗马洋甘菊精油都可舒缓及调理肌肤，与温和的葵花子油及金盏花油混合后成为一种温和、舒缓的按摩油，非常适合3个月以上的婴儿和敏感肌肤人群使用。

材料
5.5大勺葵花子油
4平匙金盏花浸渍油
8滴薰衣草精油
6滴罗马洋甘菊精油
6滴玫瑰精油

做法
1. 将所有材料混合均匀，用于按摩婴儿的皮肤。
2. 储藏在已消毒、带密封盖的深色玻璃容器中，在3个月内使用完毕。

婴儿浴油

　○ 适合婴儿　　　　　○ 放松

成品约100ml

　　在这款简单的浴油中，具温和滋养效果的葵花子油和金盏花油组成了舒缓的基础油，可滋润干燥或娇嫩的肌肤，并带有镇静、令人放松的香气。柑橘油是一种从水果果皮中压榨的精油，带有甜蜜的柑橘香气，能镇定和舒缓情绪，非常适合婴儿。这款浴油适合3个月以上的婴儿使用。

材料
5.5大勺葵花子油
4平匙金盏花浸渍油
10滴柑橘精油

做法
1. 将葵花子油、金盏花浸渍油和柑橘精油混合均匀，每次沐浴使用2平匙。
2. 储藏在已消毒、带密封盖的深色玻璃容器中，在3个月内使用完毕。

身体喷雾

　　用精油和香草制作芳香的身体喷雾能够保持身体清新，提升愉悦感。如果你的皮肤非常敏感，则首先需要小范围测试护肤品是否有刺激反应。

香辛金缕梅止汗喷雾

 除臭

成品约100ml

　　如果你想避免接触含铝的止汗剂，那么这种新鲜、带有香气的腋下喷雾便是最理想的选择。金缕梅浸液具有温和的收敛性，可作为完美的基底，加入各种抗菌的精油制作成止汗剂。洗澡后，将这款喷雾喷洒于清洁、干燥的肌肤上，可按需反复喷洒。它也可用来清洁足部。在6个月内使用完毕。

材料
90ml金缕梅浸液
30ml植物甘油
2滴丁香精油
2滴芫荽精油
5滴葡萄柚精油
2滴薰衣草精油
10滴柠檬精油
5滴青柠精油
5滴玫瑰草精油

做法
1. 将金缕梅浸液和植物甘油混合。

2. 将所有精油加入上述混合物中混合均匀。

3. 储藏在已消毒、带喷头的深色玻璃容器中。使用前充分摇匀，以确保所有材料完全混合。

金缕梅（*Hamamelis virginiana*）（p63）
的英文名是witch hazel，"witch"来自于
古英语中的"wise"，意指弯曲。

佛手柑&薄荷止汗喷雾

 除臭

成品约85ml

这款腋下喷雾是将金缕梅浸液和薰衣草水作为主要材料的清新组合，可保持肌肤清新。它也含有具清洁、抗菌效果的精油，如佛手柑精油、葡萄柚精油和柠檬精油，还有能振奋精神的辣薄荷精油和散发松木气息的丝柏精油。可喷洒于清洁、干燥的皮肤上，同样可用来清洁足部。

材料

1平匙植物甘油
2.5大勺金缕梅浸液
2.5大勺薰衣草水
10滴佛手柑精油
8滴葡萄柚精油
7滴柠檬精油
4滴辣薄荷精油
1滴丝柏精油

做法

1. 将金缕梅浸液、薰衣草水和植物甘油混合。

2. 加入精油。

3. 储藏在已消毒、带喷头的深色玻璃容器中。使用前充分摇匀，以确保所有材料完全混合。在6个月内使用完毕。

天竺葵&香橙身体喷雾

 恢复活力

成品约95ml

　　这种身体喷雾带有清爽、阳光的香气，能令肌肤恢复活力，也可振奋精神。芦荟具有镇静、舒缓的功效，可与带有泥土气息的广藿香精油、香气甜美的天竺葵精油和提取于苦橙树花蕾、香气优雅的橙花水完美混合。

材料
- 80ml蒸馏水
- 2平匙芦荟汁
- 1平匙橙花水
- 2滴广藿香精油
- 1滴天竺葵精油

做法
1. 将所有材料混合均匀。
2. 储藏在已消毒、带喷头的深色玻璃容器中。使用前充分摇匀，以确保所有材料完全混合。在2个月内使用完毕。

天竺葵（*Pelargonium graveolens*）在芳香疗法中可用于改善肤质，并缓解疲劳和困倦。

香茅喷雾

 预防蚊虫叮咬

成品约25ml

　　这款驱虫喷雾所使用的两种精油是用香茅草和带有柠檬香气的桉树蒸馏后得到的。这两种精油都具有强烈的柑橘香气，一直被用于户外防蚊。每2小时涂抹一次。

材料
5平匙薰衣草水
3滴柠檬桉精油
2滴香茅精油

做法
1. 将薰衣草水和精油混合均匀。
2. 储藏在已消毒、带喷头的深色玻璃容器中。使用前充分摇匀，以确保所有材料完全混合。在2个月内使用完毕。

昆虫叮咬舒缓剂

 舒缓

成品约30ml

　　金缕梅浸液、西洋蓍草酊剂和车前草酊剂都具有消炎和收敛的特性，当它们与舒缓的金盏花精油、镇静的芦荟汁、具清洁作用的薰衣草精油和茶树精油混合后，就成为一种携带方便的植物性喷雾，能立即缓解昆虫叮咬后的疼痛。

材料
4平匙金缕梅浸液
1平匙芦荟汁
1.5ml车前草酊剂
1.5ml金盏花酊剂
1.5ml西洋蓍草酊剂
24滴薰衣草精油
6滴茶树精油

做法
将所有材料混合均匀。储藏在已消毒、带喷头的深色玻璃容器中。使用前充分摇匀，以确保所有材料完全混合。在6个月内使用完毕。

玫瑰身体喷雾

 提升愉悦感

成品约95ml

这种带有花香的身体喷雾含有奢华的大马士革玫瑰花水、散发泥土气息的广藿香精油和甜美的天竺葵精油。芦荟汁和玫瑰花水都很温和，有舒缓及镇静的作用——一种可振奋疲惫肌肤的完美组合。在炎热夏季，可将喷雾放于冰箱冷藏后再使用，会有更好的体验。

材料
75ml蒸馏水
2平匙芦荟汁
2平匙玫瑰花水
3滴玫瑰精油
3滴天竺葵精油
1滴广藿香精油

做法
1. 将所有材料混合均匀。

2. 储藏在已消毒、带喷头的深色玻璃容器中。使用前充分摇匀，以确保所有材料完全混合。在2个月内使用完毕。

乳香身体喷雾

 激发能量

成品约95ml

乳香精油是从乳香树的树脂中提取并蒸馏后获取的，是一种温和的收敛剂，并可调理肌肤。将新鲜的柑橘精油和佛手柑精油混合，能让这款喷雾在具有清洁及活肤功效的同时，唤醒所有类型肌肤的活力。

材料
5.5大勺蒸馏水
2大勺芦荟汁
1平匙薰衣草水
4滴乳香精油
2滴柑橘精油
2滴佛手柑精油

做法
1. 将所有材料混合均匀。

2. 储藏在已消毒、带喷头的深色玻璃容器中。使用前充分摇匀，以确保所有材料完全混合。在2个月内使用完毕。

芦荟（*Aloe barbadensis*）（P20）的凝胶有着极佳的舒缓作用，并富含维生素、酶素、氨基酸和蛋白质。

爽身粉

爽身粉有助于保持皮肤干爽、柔滑。可在基底粉内添加精油，给肌肤带来微香。如果你是敏感性皮肤，则首先需要小范围测试护肤品是否有刺激反应。

金盏花爽身粉

 舒缓肌肤

成品约20g

这款舒缓的爽身粉不含滑石粉，非常适合娇嫩或敏感肌肤，可在夏季或潮湿天气保持肌肤干爽，或用来舒缓和保护容易发炎或擦伤的皮肤部位。沐浴后用棉球涂抹或直接将爽身粉撒于洁净、干燥的皮肤上，轻轻抹开。成品可保存不超过6个月。

材料
20g高岭土粉末
5滴金盏花酊剂
5滴柠檬精油

做法
1. 将高岭土粉末均匀撒于盘中。将酊剂和精油混合后装于喷瓶内，喷洒于高岭土之上。等待粉末变干。
2. 将其存放于干燥、洁净的容器内。

在进行了放松的芳香浴后试试这些带有香味的自制爽身粉。

薰衣草&茶树爽身粉

 舒缓肌肤

成品约20g

　　这款有清洁作用、不含滑石粉、带有微香的爽身粉非常适合在运动或剧烈活动前后使用，能保持皮肤清爽，防止擦伤。可在沐浴后用棉球涂抹或直接将爽身粉撒在洁净、干燥的皮肤上，轻轻抹开。

材料
20g玉米淀粉
1ml蜂胶酊剂
5滴薰衣草精油
5滴茶树精油

做法

1. 将玉米淀粉均匀撒于大平盘中。

2. 将酊剂和精油混合后装于干净带喷头的容器中。

3. 将混合液喷洒于玉米淀粉之上，确保喷洒均匀且未将粉末完全打湿，避免粉末结团。等待粉末变干。

4. 将其存放于干燥、洁净的容器内。在6个月内使用完毕。

玫瑰爽身粉

 舒缓肌肤

成品约20g

　　这种带有香味、不含滑石粉的植物性爽身粉含有可舒缓、镇静肌肤的玫瑰精油。天竺葵精油能补充并强化玫瑰精油的香味，带有泥土气息的广藿香精油能赋予香味更多层次。可在沐浴后用棉球涂抹或直接撒在洁净、干燥的皮肤上，轻轻抹开。

材料
20g玉米淀粉
5滴玫瑰精油
4滴天竺葵精油
1滴广藿香精油

做法

1. 将玉米淀粉均匀撒于大平盘中。

2. 将各种精油混合均匀后装于干净带喷头的容器内。

3. 将混合液喷洒于玉米淀粉之上，确保喷洒均匀且未将粉末完全打湿，避免粉末结团。等待粉末变干。

4. 将其存放于干燥、洁净的容器内。在6个月内使用完毕。

黑加仑&鼠尾草护足粉

 除臭

成品约15g

　　这是款清洁粉，有助于保持足部干爽与气味清新。鼠尾草有抗菌、干燥的特性，黑加仑则有收敛作用。可将护足粉轻撒于洁净、干燥的双足，然后轻轻抹开。也可将其撒于鞋中来增加额外的保护。

材料
1大勺干鼠尾草
2大勺干黑加仑叶
10g高岭土粉末
5滴柠檬精油

做法
1. 用研磨碗将干燥鼠尾草和黑加仑叶磨成细粉。

2. 加入高岭土粉末并拌匀，而后滴入柠檬精油再次拌匀，等待粉末变干。

3. 存放于干燥、洁净的容器内。在2个月内使用完毕。

黑加仑（*Ribes nigrum*）（P94）的叶片具有清洁功效，常被用于制作漱口水。

婴儿爽身粉

〔 〕 适合婴儿皮肤

成品约20g

这种轻盈的细粉可使婴儿的娇嫩肌肤保持干爽，其性质温和，也适用于新生儿。罗马洋甘菊精油具有舒缓及抗炎功效，蜂胶是一种天然的防腐剂，将两者添加于细腻的玉米淀粉中，就制成了这款天然的爽身粉。但要避免婴儿的口鼻接触爽身粉。

材料
3平匙玉米淀粉
5滴蜂胶酊剂
2滴罗马洋甘菊精油

做法

1. 将玉米淀粉均匀撒于大平盘中。

2. 将蜂胶酊剂和罗马洋甘菊精油混合均匀，将其装于干净带喷头的容器内。

3. 将混合液喷洒于玉米淀粉之上，确保喷洒均匀且未将粉末完全打湿，避免粉末结团。

4. 待粉末干后将其存放于干燥、洁净的容器内。在6个月内使用完毕。

罗马洋甘菊 (*Anthemis nobilis*) 具有温和舒缓的特性，让它成为了一种适用于儿童皮肤的安全药剂。

手工皂

　　自己动手制作香皂是一件很有乐趣的事情。在进行了防护准备后就可以开始制作自己的手工皂了，但在开始前要仔细阅读安全事项（P343），并严格按照步骤来做。成品香皂要存放在密闭的容器内。

迷迭香园艺家手工皂

 清洁皮肤　　　　 恢复活力

材料
300ml橄榄油
175ml椰子油
120ml煮沸过的凉水或蒸馏水
60g烧碱（碱性结晶体）
1大勺绿泥
4片压碎的螺旋藻
1大勺麦麸或燕麦
30滴迷迭香精油

成品约16块

这款手工皂具有清洁作用，带有清新的迷迭香气味，同时还含有可温和去角质的燕麦，能令粗糙的双手变得柔滑。螺旋藻和绿泥给手工皂增添了色彩。可按照个人喜好，在香皂半制成时，撒上一些迷迭香干花作为装饰。

1. 制作碱液。将水倒入不锈钢或玻璃碗中，将碗放入水池，以防放入烧碱时液体飞溅。带好护目镜、手套和围裙，将烧碱加入水中，用木勺搅拌，直到晶体溶化。放置一旁待凉。

2. 将橄榄油和椰子油置于小锅内，低温加热至60℃，加入冷却的烧碱液，用木勺搅拌直到完全溶解。而后用金属打蛋器持续搅拌大约20秒，直到质地类似稠厚的蛋奶糊状（在表面划动时能清晰看到立体线条）。拌入绿泥、压碎的螺旋藻、麦麸、燕麦及迷迭香精油。

3. 将混合液倒入长、宽各15cm，高5cm的不锈钢模具中，内壁涂抹橄榄油。用布覆盖表面并静置24小时待其凝固。在凝固的皂液软度较好切割时，戴上塑料手套给手工皂脱模，并用小刀切成块。将它们放置于托盘上，让其完全风干变硬，这需要几周的时间才能完成。在手工皂彻底制作完成后，用pH试纸测试酸碱度（pH值应该为10~10.5）。

金盏花&洋甘菊手工皂

 清洁皮肤

成品约16块

　　这款温和的手工皂含有舒缓的金盏花浸渍油和洋甘菊精油，与温和的月见草油混合后适用于娇嫩的肌肤。当皂液半凝固时，于表面撒上一些花瓣，以增加装饰性。

材料

300ml橄榄油
175ml椰子油
120ml煮沸过的凉水或蒸馏水
60g烧碱（碱性结晶体）
2平匙金盏花浸渍油
1平匙月见草油
25滴洋甘菊精油
10滴薰衣草精油

做法

1. 制作碱液。将水倒入不锈钢或玻璃碗中，将碗放入水池，以防在放入烧碱时液体飞溅。带好护目镜、手套和围裙，将烧碱加入水中，用木勺搅拌，直到晶体溶化（要将烧碱加入水中，而不能颠倒顺序）。放置一旁待凉。

2. 将橄榄油和椰子油置于小锅内，低温加热至60℃。

3. 在锅中的热油里加入冷却的烧碱液，用木勺搅拌直到完全溶解。而后用金属打蛋器持续搅拌大约20秒，直到质地类似稠厚的蛋奶糊状（在表面划动能清晰看到立体线条）。拌入植物精油给手工皂增添香气。将混合液倒入长、宽各15cm，高5cm的不锈钢模具中，内壁涂抹橄榄油。用布覆盖表面并静置24小时。

4. 在凝固的皂液软度较好切割时，戴上塑料手套给手工皂脱模，并用小刀切成块。将它们放置于托盘上，让其完全风干变硬，这需要几周的时间才能完成。在这期间，pH值会逐渐下降，变得越来越中性、温和。皂体表面如果出现白色残渣，可将其刮去。皂体在几个月内会因气候变化而持续干燥，但pH值的降低速度会逐渐减慢，并在几周后达到稳定。在手工皂彻底制作完成后，用pH试纸测试酸碱度（pH值应该为10~10.5）。

苦楝净化手工皂

 清洁皮肤

成品约16块

　　具清洁功效的苦楝树在印度和非洲国家已有非常久的使用史。蜂胶具有防腐特性，一直被蜜蜂用来保护它们的蜂巢。除了苦楝油和蜂胶之外，这款手工皂还含有具清洁作用的薰衣草精油和茶树精油。当皂液半凝固时，在表面撒上一些薰衣草花瓣。

材料
300ml橄榄油
175ml椰子油
120ml煮沸过的凉水或蒸馏水
60g烧碱（碱性结晶体）
1平匙苦楝油
5滴蜂胶酊剂
40滴薰衣草精油
30滴茶树精油

做法
1. 制作碱液，将水倒入不锈钢或玻璃碗中，将碗放入水池，以防在放入烧碱时液体飞溅。带好护目镜、手套和围裙，将烧碱加入水中，用木勺搅拌，直到晶体溶化（要将烧碱加入水中，而不能将顺序颠倒）。放置一旁待凉。

2. 将橄榄油和椰子油倒入小锅内，低温加热至60℃。

3. 在锅中的热油里加入冷却的烧碱液，用木勺搅拌直到完全溶解。而后用金属打蛋器持续搅拌大约20秒，直到质地类似稠厚的蛋奶糊状（在表面划动能清晰看到立体线条）。拌入苦楝油、蜂蜡酊剂和精油给手工皂增添香气。将混合液倒入长、宽各15cm，高5cm的不锈钢模具中，内壁涂抹橄榄油。用布覆盖表面并静置24小时。

4. 在凝固的皂液软度较好切割时，戴上塑料手套给手工皂脱模，并用小刀切成块。将它们放置于托盘上，让其完全风干变硬，这需要几周的时间才能完成。在这期间，pH值会逐渐下降，变得越来越中性、温和。皂体表面如果出现白色残渣，可将其刮去。皂体在几个月内会因气候变化而持续干燥，但pH值的降低速度会逐渐减慢，并在几周后达到稳定。待手工皂彻底制作完成后，用pH试纸测试酸碱度（pH值应该为10~10.5）。

舒缓皂

 清洁皮肤 　　　　　　　 放松

成品约16块

　　这款令人愉悦的手工皂带有各种精油混合组成的香气，有助于消除一天中的疲劳。玫瑰精油能令人产生愉悦感，马郁兰精油既温和又令人舒适，薰衣草精油有助于放松头脑。

材料
300ml橄榄油
175ml椰子油
120ml煮沸过的凉水或蒸馏水
60g烧碱（碱性结晶体）
2平匙杏仁油
10滴薰衣草精油
10滴玫瑰精油
5滴马郁兰精油

做法
1. 制作碱液，将水倒入不锈钢或玻璃碗中，将碗放入水池，以防在放入烧碱时液体飞溅。带好护目镜、手套和围裙，将烧碱加入水中，用木勺搅拌，直到晶体溶化（要将烧碱加入水中，而不能颠倒顺序）。放置一旁待凉。

2. 将橄榄油和椰子油置于小锅内，低温加热至60℃。

3. 在锅中的热油里加入冷却的烧碱液，用木勺搅拌直到完全溶解。而后用金属打蛋器持续搅拌大约20秒，直到质地类似稠厚的蛋奶糊状（表面划动能清晰看到立体线条）。拌入精油给手工皂增添香气。将混合液倒入长、宽各15cm，高5cm的不锈钢模具中，内壁涂抹橄榄油。用布覆盖表面并静置24小时。

4. 在凝固的皂液软度较好切割时，戴上塑料手套给手工皂脱模，并用小刀切成块。将它们放置于托盘上，让其完全风干变硬，这需要几周的时间才能完成。在这期间，pH值会逐渐下降，变得越来越中性、温和。皂体表面如果出现白色残渣，可将此刮去。皂体在几个月内会因气候变化而持续干燥，但pH值的降低速度会逐渐减慢，并在几周后达到稳定。在手工皂彻底制作完成后，用pH试纸测试酸碱度（pH值应该为10~10.5）。

异域风情皂

清洁皮肤　　　　　提升愉悦感

成品约16块

依兰精油是从依兰树的花朵中提取的，依兰树是原产于菲律宾和印尼的释迦凤梨的近亲。这款手工皂中混合了玫瑰精油、天竺葵精油和快乐鼠尾草精油，因此具有令人愉悦的香气，并能令肌肤柔滑。

材料

300ml橄榄油
175ml椰子油
120ml煮沸过的凉水或蒸馏水
60g烧碱（碱性结晶体）
2平匙牛油果油
12滴依兰精油
12滴天竺葵精油
12滴快乐鼠尾草精油
5滴玫瑰精油
1平匙香草精

做法

1. 制作碱液，将水倒入不锈钢或玻璃碗中，将碗放入水池，以防在放入烧碱时液体飞溅。带好护目镜、手套和围裙，将烧碱加入水中，用木勺搅拌，直到晶体溶化（要将烧碱加入水中，而不能颠倒顺序）。放置一旁待凉。

2. 将橄榄油和椰子油置于小锅内，低温加热至60℃。

3. 在锅中的热油里加入冷却的烧碱液，用木勺搅拌直到完全溶解。而后用金属打蛋器持续搅拌大约20秒，现在的质地类似稠厚的蛋奶糊状（表面划动能清晰看到立体线条）。拌入精油给手工皂增添香气。将混合液倒入长、宽各15cm，高5cm的不锈钢模具中，内壁涂抹橄榄油。用布覆盖表面并静置24小时。

4. 在凝固的皂液软度较好切割时，戴上塑料手套给手工皂脱模，并用小刀切成块。将它们放置于托盘上，让其完全风干变硬，这需要几周的时间才能完成。在这期间，pH值会逐渐下降，变得越来越中性、温和。如果皂体表面出现白色残渣，可将其刮去。皂体在几个月内会因气候变化而持续干燥，但pH值的降低速度会逐渐减慢，并在几周后彻底达到稳定。在手工皂彻底制作完成后，用pH试纸测试酸碱度（pH值应该为10~10.5）。

洁面乳

做好清洁对于保持肌肤健康十分重要，特别是当你在污染严重的环境中居住或工作时。如果你的皮肤很敏感，则需要先小范围测试护肤品是否有刺激反应。

舒缓薰衣草洁面乳

 清洁皮肤

成品约60ml

这是一种适用于敏感或干燥肌肤的简单洁面乳。燕麦含有丰富的天然多糖，在水中会呈现凝胶状，有舒缓皮肤的特性，因此可滋养娇嫩肌肤。杏仁油同样能舒缓及调理肌肤，有助于预防水分流失。薰衣草除具有舒缓作用外，还能增加淡淡的香气。

材料
25g有机燕麦
少量矿泉水
1个蛋黄
3.5大勺杏仁油
5滴薰衣草精油

做法
1. 将燕麦倒入碗中，加入足够的矿泉水将其浸没，静置至少1小时让其吸水。

2. 用料理机打蛋，每次加入1滴杏仁油。最后的成品应是稠厚的乳化物。加入薰衣草精油，每次1滴并打匀。

3. 将燕麦滤干，把滤出的液体（燕麦乳）慢慢加入蛋糊中，轻轻搅拌或打匀均可，这时会显现出乳霜的质地。

4. 储藏在已消毒的玻璃容器中。在3天内使用完毕。

蜂蜜&玫瑰面部磨砂膏

 去角质

制作量可供使用1次

　　蜂蜜是一种最好的天然护肤品，具有软化、舒缓皮肤的功效，可保护皮肤远离水分流失，同时还是一种润滑剂。玫瑰精油有镇静及调理的功效；薰衣草精油有净化功效，有助于调理皮肤状态，清新的香气还能给予你愉悦的感受。

材料
25g玫瑰干花瓣
2大勺薰衣草干花
1滴薰衣草精油
1滴玫瑰精油
2平匙蜂蜜

做法
1. 用1杯沸水浸泡一半的玫瑰花瓣制作浸液。遮盖表面并放置一旁待用。

2. 用研磨碗将余下的玫瑰花瓣与薰衣草花混合后磨成粉末。将香草粉与精油、蜂蜜混合后加入足够的玫瑰花浸液，拌成软糊。

3. 使用时，将磨砂膏轻轻涂于面部并用划圈手法清洁皮肤。

接骨木花&芦荟洁面膏

 去角质

制作量可供使用1次

　　接骨木花具有抗炎、软化肤质和收敛的功效，对皮肤健康很有帮助，与具镇静作用的芦荟及具舒缓作用的洋甘菊混合后，这种温和、清新的洁面膏适合所有皮肤类型。由于含有鲜乳成分，因此制作后要立即使用。

材料
25g接骨木花或10个接骨木花茶包
25g洋甘菊或10个洋甘菊茶包
2平匙芦荟汁
2大勺原味酸奶

做法

1. 用2杯开水浸泡一半的香草制作成浸液。遮盖表面并放置一旁待用。

2. 用研磨碗将另一半香草磨成细粉。如果使用茶包，因其早已被碾成细粉而可直接使用。

3. 将香草粉末、芦荟和酸奶混合，每次将1平匙的量加入浸液，搅拌至成为薄糊状（至少要能涂抹于脸上，不能淌下）即制成洁面膏。

4. 将洁面膏涂于脸上，避免直接接触眼周和嘴周部位。若用于去角质的话，可用指肚以划圈的形式轻轻按摩皮肤。

5. 用余下的香草浸液（可另加一些水）洗净洁面膏并清洁皮肤。

爽肤水

　　洁面后使用爽肤水有助于紧致肌肤，保持肌肤天然的pH值，还能在护肤前进一步清除可能残留的洁面乳。如果你是敏感性皮肤，则需要先小范围测试护肤品是否有刺激反应。

薰衣草&芦荟爽肤水

 紧致肌肤

成品约100ml

　　这款清新的爽肤水适合所有的皮肤类型。金缕梅和薰衣草能清洁并温和收敛毛孔，控制皮肤出油，还你洁净的肤色。在6个月内使用完毕。

材料
80ml薰衣草水
2平匙金缕梅萃取物
1平匙芦荟汁
14滴佛手柑精油
4滴柠檬精油
4滴苦橙叶精油
4滴薰衣草精油
2滴迷迭香精油
2滴黑胡椒精油

做法
1. 将所有材料混合均匀。

2. 储藏在已消毒、带喷头的深色玻璃容器中，避免日光直射，使用前充分摇匀。

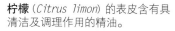
柠檬（*Citrus limon*）的表皮含有具清洁及调理作用的精油。

玫瑰爽肤水

 紧致肌肤

成品约100ml

　　这款简单的爽肤水能唤醒及调理肌肤。简单发酵而成的苹果醋不仅保留了苹果的所有营养，在发酵过程中还产生了额外的酶素。醋则有收敛作用，能促进循环，保持皮肤的天然pH值。

材料
85ml矿泉水
2平匙干燥玫瑰花瓣或4平匙新鲜
玫瑰花瓣
1平匙干燥接骨木花或2平匙新鲜
接骨木花
1大勺苹果醋

做法
1. 用水、玫瑰花瓣和接骨木花一起制作浸液。冷却后，加入苹果醋，并装入已消毒、最好带喷头的深色玻璃容器中。

2. 使用前充分摇匀，用棉球或棉布蘸取后轻轻擦拭肌肤。冷藏保存并在3个月内使用完毕。

草本爽肤水

 紧致肌肤

成品约100ml

　　金缕梅萃取物是一种用途非常广泛的药剂，有助于镇静和唤醒疲惫的肌肤，其收敛特性也有助于控制油脂生成并缩小毛孔。与具消炎效果的德国洋甘菊精油、具平衡调理作用的玫瑰精油，以及能促进循环的迷迭香精油混合后，这款温和的爽肤水适合任何皮肤类型。

材料
75ml蒸馏水
1大勺金缕梅萃取物
2平匙芦荟
3滴德国洋甘菊精油
3滴迷迭香精油
3滴玫瑰精油

做法
1. 将所有材料混合均匀，并装入已消毒、最好带喷头的深色玻璃容器中。

2. 使用前充分摇匀，用棉球或棉布蘸取后轻轻擦拭肌肤。冷藏保存并在3个月内使用完毕。

草本面部&身体喷雾

 唤醒肌肤

成品约100ml

　　具提神功效的薄荷是这款草本喷雾的关键原料，特别适合于炎热的夏季早晚使用，可帮助肌肤降温。不用时冷藏储存，可保持喷雾新鲜和凉爽。在2天内使用完毕。

材料
3平匙新鲜薄荷
1平匙新鲜莳萝
1平匙新鲜欧芹
85ml矿泉水

做法
用香草来制作浸液（将足够的开水浸没香草）。制作完成后，加入矿泉水并装入带喷头的深色玻璃容器中。

面部唤醒喷雾

 唤醒肌肤　　　　 激发能量

成品约100ml

　　橙花水具有极好的滋养皮肤的作用，芳香疗法专家常用其微妙的香气来缓解压力与紧张。这种清新的喷雾适合旅行时使用，可清新肌肤及消除疲劳。不用时冷藏储存，可保持喷雾新鲜和凉爽。在2天内使用完毕。

材料
85ml蒸馏水
2平匙芦荟汁
1平匙橙花水
1滴蜂胶酊剂
1滴柠檬精油
1滴迷迭香精油

做法
将所有材料混合均匀并装入带喷头的深色玻璃容器中。每次使用前摇匀。

莳萝（*Anethum graveolens*）是一种受欢迎的厨用香草，长有带香气、蕾丝状的叶片。莳萝最好新鲜使用。

面膜

　　敷上面膜安静地休息片刻，这可能是生活中最惬意的时光。如果想要深层清洁的效果，可以尝试制作面膜泥，这样在家也能享受美妙的SPA。如果你是敏感性皮肤，则需要先小范围测试护肤品是否有过敏反应。

金缕梅&薰衣草面膜

 调理皮肤

制作量可供使用1次

　　绿泥是一种天然的、富含矿物质的深海沉积而成的淤泥，吸附性很强，干燥后能带落皮肤上的杂质并清洁毛孔。温和收敛的金缕梅及舒缓的薰衣草能缩小毛孔，有助于保持健康肤色。

材料
2平匙绿泥粉
2平匙金缕梅
1个蛋，轻轻打匀
2滴薰衣草精油

做法
1. 将绿泥和金缕梅混合成糊状。加入打匀的鸡蛋和薰衣草精油。
2. 将其敷于脸部并保留10分钟。冷水轻轻洗去后，用干净毛巾擦干。

花10分钟休息并敷上自制的纯天然面膜，让你的肌肤和头脑放松一下。

草莓&奶油去角质面膜

 调理皮肤

制作量可供使用1次

这种水果面膜能唤醒肌肤并提亮肤色。草莓富含天然果酸，可帮助皮肤去角质，与燕麦粉混合后能清洁毛孔并舒缓肌肤。因其使用新鲜水果和乳制品，制作后要立即使用。

材料

2大勺燕麦粉

3个成熟的大草莓

1平匙混合奶（奶油与牛奶1:1混合而成）

做法

1. 用研磨碗将燕麦磨成细粉。用叉子将草莓压成泥并与燕麦混合，加入混合奶调成稠糊（也可加少许鲜奶油调整黏稠度）。

2. 将稠糊敷于洗净的皮肤上，避免直接接触眼周和嘴周部位，保留10分钟。

3. 手心沾少许水湿润面部，然后划圈轻轻搓净。用冷水洗净后，用干净的毛巾擦干。

草莓(*Fragaria* x *ananassa*) 富含丰富的维生素。果实的红色来自于抗氧化剂花青素。

薰衣草面膜泥

 调理皮肤

制作量可供使用1次

　　天然泥中的矿物质能深层清洁皮肤，去除皮肤杂质。加入滋润的蜂蜜、富含抗氧化剂的芦荟、抗衰老及具平衡调理功效的薰衣草水和精油后，这款舒缓、纯净的面膜能让肌肤清爽、嫩滑。制作完成后储藏在已消毒、带密封盖的深色玻璃容器中，并于2个月内使用完毕。

材料
2大勺芦荟汁
1平匙薰衣草水
1平匙蜂蜜
0.5大勺高岭土粉
1大勺火山泥粉
1滴薰衣草精油

做法
1. 将芦荟汁、薰衣草水和蜂蜜拌匀，撒入高岭土粉及火山泥粉并持续搅拌。用筛网过滤后加入精油并再次拌匀。
2. 敷于洗净的皮肤上，避免直接接触眼周和嘴周部位，保留10分钟。用温水洗净并拿毛巾擦干。

葡萄柚面膜泥

 调理皮肤

制作量可供使用1次

　　这款经过改良的面膜泥更适合油性皮肤。葡萄柚含有丰富的天然果酸，与具清洁功效的矿物泥、可温和收敛并调理肌肤的金缕梅，以及舒缓的芦荟汁混合后，能清洁并唤醒肌肤。制作完成后储藏在已消毒、带密封盖的深色玻璃容器中，并于2个月内使用完毕。

材料
2大勺芦荟汁
1平匙金缕梅
1平匙新鲜葡萄柚汁
1.5平匙高岭土粉
0.5大勺火山泥粉
1滴柠檬精油

做法
1. 将芦荟汁、金缕梅和葡萄柚汁拌匀，撒入高岭土粉及火山泥粉并持续搅拌。用筛网过滤后加入精油并再次拌匀。
2. 敷于洗净的皮肤上，避免直接接触眼周和嘴周部位，保留10分钟。用温水洗净并拿毛巾擦干。

玫瑰面膜泥

 调理皮肤

制作量可供使用1次

　　这款滋养型的面膜能净化及舒缓肌肤。玫瑰具有美白、保湿及平衡调理肌肤的功效，芦荟富含维生素、氨基酸、酶素和蛋白质，能滋润舒缓肌肤。制作完成后储藏在已消毒、带密封盖的深色玻璃容器中，并于2个月内使用完毕。

材料
2大勺芦荟汁
1平匙玫瑰水
1平匙纯净蜂蜜
1.5大勺高岭土粉
1大勺火山泥粉
1滴玫瑰精油

做法
1. 将芦荟汁、玫瑰水和蜂蜜拌匀，撒入高岭土粉及火山泥粉并持续搅拌。用筛网过滤后加入精油并再次拌匀。
2. 敷于洗净的皮肤上，避免直接接触眼周和嘴周部位，保留10分钟。用温水洗净并拿毛巾擦干。

金色香蕉面膜

 调理皮肤

制作量可供使用1次

　　这款厚实、滋润的面膜可调理干性皮肤。新鲜香蕉能带来充足的滋润度和顺滑度，金盏花浸渍油含有类胡萝卜素——能滋润皮肤的维生素A的前体，有着极好的治愈及消炎功效。因其使用新鲜水果，制作后要立即使用。

材料
1根成熟的香蕉
1个蛋黄
2平匙金盏花浸渍油

做法
1. 将香蕉去皮后放于碗中，用叉子压成泥。加入蛋黄和金盏花浸渍油并将所有材料拌匀。
2. 敷于洗净的皮肤上，避免直接接触眼周和嘴周部位，保留10分钟。用温水洗净并拿毛巾擦干。

牛油果&芦荟面膜

 调理皮肤

制作量可供使用1次

　　这是一种适用于所有皮肤类型的深层滋润及舒缓面膜。牛油果富含维生素、矿物质，以及大量的脂肪酸、卵磷脂和植物固醇，对干性皮肤有非常好的滋润效果。因其使用新鲜水果和乳制品，制作后要立即使用。

材料
1个成熟的牛油果
1平匙蜂蜜
1平匙柠檬汁
1平匙原味酸奶
1平匙芦荟汁

做法
1. 将牛油果对半切开后，将果肉挖至碗里。用叉子将果肉压碎成泥，而后加入其他材料并拌匀。
2. 敷于洗净的皮肤上，避免直接接触眼周和嘴周部位，保留10分钟。用温水洗净并拿毛巾擦干。

苹果&肉桂面膜

 调理皮肤

制作量可供使用1次

　　这款清洁面膜很适合油性或问题肌肤使用，能清洁并调理肌肤。苹果含有天然果酸，可以温和去角质。具有滋润效果的蜂蜜和燕麦粉也可去角质，使肌肤嫩滑。因其含新鲜水果和乳制品，制作后要立即使用。

材料
1个成熟的苹果，去皮并磨碎
0.5平匙混合奶
1平匙蜂蜜
1大勺燕麦粉
0.5平匙肉桂粉

做法
1. 将所有材料放于碗里拌匀，用叉子压成泥。
2. 敷于洗净的皮肤上，避免直接接触眼周和嘴周部位，保留10分钟。用温水洗净并拿毛巾擦干。

香膏

　　制作前，请确保用来保存香膏的容器已经消过毒。如果你是敏感性皮肤，则首先需要小范围测试护肤品是否有刺激反应。

金盏花&柑橘护唇膏

 滋润肌肤　　　　　 有助预防唇疱疹

材料
1平匙蜂蜡
70g可可脂
1平匙椰子油
5滴柠檬香蜂草酊剂
5滴金盏花酊剂
10滴柑橘精油

成品约80g
　　柑橘精油是通过柑橘果实的新鲜表皮压榨后提取的，具有温和抗菌及清洁功效。柠檬香蜂草有助于抵御疱疹病毒，因此这款护唇膏有助于预防唇疱疹。可可脂也能舒缓及保护嘴唇。

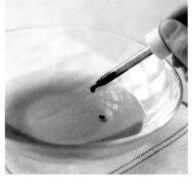

1. 将蜂蜡、可可脂和椰子油放入碗中，坐于一锅沸水上，隔水加热使其溶化。

2. 在混合油中加入酊剂和精油，搅拌均匀。

3. 分装于两个已消毒的小罐子中，能保存约3个月。

薰衣草&没药舒缓护唇膏

 滋润肌肤

成品约10g

　　这款护唇膏的原材料很简单，制作快速却能为我们提供长时间的保护，能有效嫩滑、滋润嘴唇，并防止嘴唇干裂。薰衣草精油和没药精油有助于预防唇部起皮或破皮等情况。这款护唇膏最好在6个月内使用完毕。

材料
2平匙混合的可可脂和绵羊油
2滴薰衣草精油
1滴没药精油

做法
1. 将可可脂和绵羊油放入碗中，坐于一锅沸水上（隔水加热）。
2. 加入精油并搅拌均匀，分装于2个已消毒的小罐子中。等待冷却及成型，大约需要12小时（取决于室温）。

准妈妈妊娠膏

 有助预防妊娠纹　　　　 滋润皮肤

成品约40g

　　这款无香味的滋润膏有助于舒缓皮肤扩张而引发的不适，并能预防妊娠纹的产生。具有深度滋润效果的椰子油和杏仁油能增加皮肤的弹性与柔软度。蜂蜡能锁住水分并保护肌肤。含有丰富抗氧化成分的金盏花具有舒缓功效。此款妊娠膏最好在3个月内使用完毕。

材料
1平匙蜂蜡
5平匙椰子油
1平匙杏仁油
1平匙金盏花浸渍油

做法
1. 将蜂蜡和椰子油、杏仁油和金盏花油放入碗中，坐于一锅沸水上（隔水加热），直到蜂蜡溶化。
2. 装于已消毒的深色小玻璃罐子中。等待冷却及成型，大约需要12小时（取决于室温）。

茶树&百里香护足膏

 治疗脚气

成品约80g

　　这款具清洁功效的舒缓型软膏有助于治疗脚气或真菌感染。研究表明茶树精油和百里香精油可抗菌，与药蜀葵酊剂及紫草萃取物混合能起到舒缓作用，并能促进健康肌肤再生。可保存6个月。

材料
2平匙蜂蜡
3大勺甜杏仁油
1大勺小麦胚芽油
1平匙药蜀葵酊剂
1平匙紫草酊剂
5滴百里香精油
5滴茶树精油

做法
1. 将蜂蜡、杏仁油和小麦胚芽油倒入碗中，坐于一锅沸水上（隔水加热），直到蜂蜡溶化。

2. 离火并在液体稍冷却后，加入酊剂和精油。装于已消毒的深色小玻璃罐中。等待冷却及成型，大约需要12小时（取决于室温）。

浴用气泡弹

　　会嗞嗞冒气的浴用气泡弹很容易制作，只需要简单的几种材料，便能大大提升沐浴的愉悦感。将材料混合后搓成圆球，用铝箔纸裹好，再包上一层彩纸，扎上丝带就可以作为贴心的礼物了。

柠香气泡弹

 舒缓疲惫肌肉　　　 恢复活力

成品约4个小球

　　这种带有柑橘科植物香气的浴用气泡弹能让沐浴时间都充满乐趣。葡萄柚精油、柠檬精油、青柠精油与带有新鲜气息的迷迭香精油混合后，能在水中嗞嗞冒气并在溶化时释放出有活力的香气。

材料
80g小苏打粉
1大勺柠檬酸
4滴葡萄柚精油
4滴柠檬精油
1滴青柠精油
1滴迷迭香精油
1小撮干金盏花花瓣，切碎
少许胡萝卜油（可选）
少许牛油果油（可选）
细细切碎的香草或花朵（可选）

做法
1. 将小苏打粉和柠檬酸在盘中混合均匀。在小苏打混合物中加入金盏花花瓣和各种植物精油。

2. 如果想给气泡弹增加一些色彩，可加入少许胡萝卜油使其呈现橘黄色，或添加牛油果油以呈现绿色。也可加入薄荷等切碎的香草。

3. 可将混合物作为粉末直接撒入洗澡水中，或在模具中按压成型，也可用手捏成圆球状。沐浴前把气泡弹放入洗澡水中。

异域风情气泡弹

 舒缓疲惫肌肉   提升愉悦感

成品约4个小球

　　将这种充满愉悦感的气泡弹放入洗澡水中，能给沐浴时间带来特别的享受。带有泥土气息的广藿香、富含马达加斯加风情的依兰花香和温暖放松的柑橘香能让心情平静放松并提升愉悦感。

材料
3大勺泡打粉
1大勺柠檬酸
4滴柑橘精油
3滴广藿香精油
2滴依兰精油
1滴苦橙叶精油
2平匙贯叶连翘浸渍油
1小撮玫瑰花瓣，细细切碎

做法
1. 将小苏打粉和柠檬酸在盘中混合均匀。在小苏打混合物中加入精油。

2. 用小勺将粉末在盘子中央堆高，在中心戳一个小洞并滴入深红色的贯叶连翘浸渍油及玫瑰花瓣。

3. 充分拌匀粉末、精油及玫瑰花瓣。贯叶连翘浸渍油可有助于材料完全混合，并能增添色彩。

4. 在冰块模、饼干模等模具中将拌匀的材料按压成型，或用手捏成圆球状。存放在干燥处，并在2个月内使用。

阳光气泡弹

 舒缓疲惫肌肉　　 恢复活力

成品约4个小球

　　这款带有温暖气息的气泡弹能提升精神，安抚情绪。因其带有柑橘、香橙的温柔香气和舒缓放松的薰衣草香气，所以很适合儿童使用。金盏花油和柑橘类果皮能给气泡弹增加色彩和质感。

材料

3大勺小苏打粉
1大勺柠檬酸
7滴柑橘精油
2滴香橙精油
1滴薰衣草精油
2平匙金盏花油
1小撮香橙皮、柑橘皮或柠檬皮，
　　细细研磨成屑切碎

做法

1. 将小苏打粉和柠檬酸在盘中混合均匀。在小苏打混合物中加入精油。

2. 用小勺将粉末在盘子中央堆高，在中心戳一个小洞并滴入金盏花油，充分拌匀。也可加入少许食用色素。在混合时加入果皮屑。

3. 在冰块模、饼干模等模具中将拌匀的材料按压成型，或用手捏成圆球状。存放在干燥处，并在2个月内使用。

浸浴液

在泡澡时加入一些香草是最简单的享受香草功效的方法了。放松地靠在浴缸中，让浸液中的香草精华帮你放松身心，消除紧张情绪，缓解疲劳。

玫瑰&金盏花浸浴液

 放松   舒缓疲惫肌肉

制作量可供使用1次

这种温和的浸浴液能滋养和唤醒肌肤，对于干性及敏感肌肤有非常好的调理作用。这个配方中使用了玫瑰花朵和富含维生素、类黄酮的玫瑰果萃取物，以及能软化肌肤的苹果醋，效果十分显著。

材料
2平匙干玫瑰花瓣/花苞
1平匙干玫瑰果
1平匙盐
1平匙苹果醋
5滴金盏花酊剂
8滴玫瑰精油
2滴天竺葵精油

做法
1. 用玫瑰花瓣、玫瑰果和500ml热水来制作浸液。
2. 将浸液过滤后加入余下材料。
3. 立即倒入已准备好的温热洗澡水中。

柠檬草&迷迭香浸浴液

 放松　　　　　　 舒缓疲惫肌肉

制作量可供使用1次

　　柠檬草、月桂和迷迭香都是带有迷人香气的厨用香草，但它们对肌肤也有极好的护理功效。这种带有香气的浸浴液能缓解肌肉疲劳，或于体育运动或重体力劳动后恢复身体能量。

材料
2平匙干月桂叶，切碎
1平匙干迷迭香
5滴柠檬草精油

做法
将月桂叶和迷迭香浸泡于500ml水中以制作浸液。冷却后，倒入柠檬草精油，并立即倒入已准备好的温热洗澡水中。

薰衣草&芦荟浸浴液

 放松　　　　　　 舒缓疲惫肌肉

制作量可供使用1次

　　这种浸浴液能舒缓敏感肌肤，并能增加沐浴的愉悦感和松弛感。薰衣草精油具有恢复活力及滋养功效，一直被用于缓解疲劳，与舒缓型的芦荟、调理型的洋甘菊一起组成了这款完美的浸浴液。

材料
2平匙薰衣草
2平匙洋甘菊
30ml芦荟汁
10滴薰衣草精油

做法
1. 用薰衣草、洋甘菊和500ml水来制作浸液。冷却后，加入芦荟汁和薰衣草精油。
2. 立即倒入已准备好的温热洗澡水中。如果你是干性或敏感肌肤，洗澡水不要太烫。

海藻&山金车浸浴液

 放松　　　 舒缓疲惫肌肉

制作量可供使用1次

这款能令身体恢复活力的浸浴液很适合劳累一天后使用。营养丰富的墨角藻一直被用于舒缓红肿发炎的身体组织，而山金车则是一种可用于治疗碰伤、擦伤与感染的植物，再加上薰衣草精油等植物精油，更能提升精力。

材料
0.5平匙墨角藻
1平匙紫草
2平匙杜松子
2满匙海盐
5滴山金车浸液
2滴松香
2滴薰衣草精油
2滴柠檬精油
2滴杜松精油

做法
1. 用500ml水和干燥香草制作浸液。
2. 在浸液中加入盐并搅拌至溶化后，与山金车酊剂及精油混合。
3. 立即倒入已准备好的洗澡水中。

排毒浸浴液

 促进循环　　　 舒缓疲惫肌肉

制作量可供使用1次

为了帮助排出身体中的毒素，可将营养丰富的墨角藻与具有清洁功效的海盐，以及能促进循环的杜松精油、黑胡椒精油和柠檬精油一起混合。为达到最好的效果，可在浸浴前先洗净身上的死皮。

材料
0.5平匙墨角藻
1平匙芹菜子
2平匙茴香子
2满匙海盐
2滴杜松精油
2滴黑胡椒精油
2滴柠檬精油
2滴尤加利精油

做法
用500ml水和香草制作浸液。在浸液中加入盐并搅拌至溶化后与精油混合，立即倒入已准备好的洗澡水中。

茴香(*Foeniculum vulgare*)（P57）的种子实际上非常小，带有强烈气味，能用来制作用于清洁、调理的浸液。

生姜&杜松暖脚浸液

🔲 温暖身体　　　　　🔲 促进循环

制作量可供使用1次

　　这种充满香气的足部浸液能促进血液循环并温暖发冷的双脚。生姜具有促进发热的作用，杜松能刺激循环，丁香可温和止痛。芳香的月桂和柠檬皮屑也能在产生功效之余提升愉悦感。

材料

1大勺干玫瑰果
2大勺十木槿花
1平匙丁香
1平匙杜松子
3片月桂，压碎
1大勺橙皮屑，新鲜或干燥
3滴生姜精油

做法

1. 将所有材料装在棉布包或茶包中，置于一大碗开水中轻轻晃动制作成浸液。

2. 10分钟后加入适量的冷水，调节成不烫手的温度可开始泡脚。

杜松子(*Juniperus communis*)（P73）是松柏科植物的雌性球果，并不是真正的浆果。

休整型浴用香草包

 放松　　　 舒缓疲惫肌肉

制作量可供使用1次

　　红树莓叶含有丰富的单宁，是一种温和的收敛剂，将其与舒缓皮肤的三色堇、放松神经的薰衣草一起制作成这款带有香气、适肤度高的浴用香草，能消除精神和身体上的疲惫。燕麦适用于干性皮肤，能温和软化并滋养皮肤，恢复皮肤柔滑。

材料
2大勺红树莓叶
2大勺三色堇叶
2大勺薰衣草
2大勺燕麦，磨成粉

做法
1. 将香草和燕麦放于研磨碗中，磨成粗粉（也可使用磨豆机或粉碎机）。

2. 将粗粉装入棉布包或茶包中。在放洗澡水时，将香草包悬挂在龙头下，让流出的温水充分浸润香草，之后将它放入洗澡水中。斜靠浴缸中并充分放松。

红树莓(*Juniperus communis*)（P99）
含有丰富的维生素、矿物质和收敛性的单宁。

产后坐浴液

( ) 辅助产后护理

制作量可供使用1次

　　一种能促进产后恢复的舒缓草本制剂。金盏花有助于促进细胞再生，洋甘菊有温和的舒缓作用，西洋蓍草和荠菜有抗菌功效，薰衣草能清洁、滋养皮肤并带有具镇静效果的香气，有助于放松。

材料
2大勺金盏花
2大勺洋甘菊
2大勺薰衣草
1大勺西洋蓍草
1大勺荠菜

做法
1. 用足够多的开水与香草一起制作浸液。

2. 当浸液冷却后，加入温暖的洗澡水中（水不要太多，与臀部齐平即可），在坐浴液中浸泡10分钟。如果采取的是剖腹产，为防止感染，每天只能坐浴1次。

护发用品

美丽的秀发取决于健康的头皮。因此，要在温水而不是过热的水中清洗头发，并使用自制的草本护发产品来添加额外的营养，然后充分清洗，给秀发带来弹性与光泽。

紫草护发水

 适合所有发质

材料
3平匙干金盏花
3平匙干紫草
1平匙干问荆

制作量可供使用1次

紫草含有丰富的尿囊素，有助于促进细胞再生，金盏花能舒缓头皮，问荆能让秀发闪现光泽。这款简单的护发水能同时滋养头发和头皮，重现秀发的光泽与灵动。

1. 将干香草与100ml沸水一起浸泡于碗中。

2. 静置并冷却20分钟后沥出香草。

3. 将过滤后的液体加入洗发水中，最多加入一半的量（加得越多，洗发水会越稀）。多余的浸液可用来作最后冲洗。

问荆修复暗沉洗发水

 针对暗沉秀发

成品约100ml

　　含有丰富二氧化硅的问荆是一种可令秀发重现活力的传统香草，与可促进头发生长的迷迭香、清凉控油的鼠尾草，以及甜杏仁油混合后能滋润及养护秀发，让其更加强韧健康。

材料
3大勺普通洗发水
3大勺由等量的问荆、迷迭香和鼠尾
　草制成的浸液
1平匙甜杏仁油
5滴迷迭香精油

做法
将所有材料混合均匀。1周内使用完毕，冷藏可保存2周。

荨麻去头屑洗发水

 针对头屑问题

成品约100ml

　　琉璃苣油，也被称为星之花油，富含 γ－亚油酸等人体必需脂肪酸，特别适合滋养干性肌肤，与富含矿物质的荨麻、具镇静作用的薰衣草，以及清凉控油的鼠尾草混合后，可制成具有去屑效果的洗发水。雪松精油和柠檬精油也有助于调理头皮。

材料
3大勺普通洗发水
3大勺由等量的薰衣草、荨麻和
鼠尾草制成的浸液
1平匙琉璃苣油
6滴雪松精油
2滴柠檬精油

做法
将所有材料混合均匀。1周内使用完毕，冷藏可保存2周。

干性及受损发质护发素

 针对干性或受损发质

成品约100ml

　　这款护发素混合了有软化作用的药蜀葵、具滋养效果的紫草，并加入了双重金盏花精华——既有舒缓型的浸液，又有营养丰富的浸渍油，能给脆弱的秀发带来急救效果。乳香和罗马洋甘菊精油同样也能起到舒缓调理的作用。

材料
3大勺普通洗发水
3大勺由等量的紫草、药蜀葵和金盏
　花制成的浸液
1平匙金盏花油
8滴乳香精油
2滴罗马洋甘菊精油

做法
将所有材料混合均匀。1周内使用完毕，冷藏可保存2周。

适合所有发质的迷迭香护发素

 适合所有发质

成品约100ml

　　迷迭香精油可刺激毛发再生，也能让头发变得更有光泽。如果你不需要这种功效，可减少迷迭香精油的用量并用洋甘菊浸液来替代。牛油果油含有丰富的营养，能滋养头皮并深度滋润秀发。

材料
3大勺普通洗发水
3大勺由等量的玫瑰、迷迭香和百
　里香制成的浸液
1平匙牛油果油
5滴雪松精油
3滴香橙精油
3滴迷迭香精油

做法
将所有材料混合均匀。1周内使用完毕，冷藏可保存2周。

百里香&苹果醋预洗液

 针对头屑问题

成品约100ml

百里香精油具有强大的消炎及抗菌效用，一直被用于给头发增加强韧度。苹果醋有很好的清洁效果，能造就闪亮的发质。这款洗发液适合需要去头屑的人群。

材料
100ml苹果醋
10滴百里香精油

做法
将苹果醋和百里香精油混合均匀后按摩在头皮上，保留5分钟后用温水冲洗并用洗发水洗净。6个月内使用完毕。

百里香(*Thymus vulgaris*) 是一种舒缓的香草，有抗菌、防腐的功效。

椰子调理护发油

 适合所有发质

成品约100g

　　椰子油适用于滋养所有发质。它很容易被头皮吸收，能滋养头皮，并让秀发顺滑。将其与薰衣草精油、柑橘精油和苦橙叶精油混合，能给这款深度调理型护发素带来清新的香气。

材料
100g椰子油，放于小罐中
8滴薰衣草精油
7滴柑橘精油
5滴苦橙叶精油

做法
1. 将装椰子油的小罐置于装有热水的碗中（水只需放至罐子的一半高）。当椰子油溶化后，拿出小罐。在椰子油中加入精油并在其重新凝固前搅拌均匀，放置一旁待凉。

2. 使用时，在掌心抹上少量混合油，按摩于秀发和头皮上。保留2小时以上，然后用洗发水洗净。在打湿头发前先涂洗发水更容易洗去护发油。于6个月内使用完毕。

椰子油是自然界中最好的能滋润皮肤和秀发的油脂。选择有机或初榨的冷榨椰子油，能最大限度地保留营养。

薰衣草&迷迭香护发油

 适合所有发质

成品约100g

　　超级滋养的椰子油非常适合调理头发与头皮，能滋养秀发，抚平不受控制的翘发或毛躁的发梢。此外，又加入了薰衣草精油、迷迭香精油和天竺葵精油，能促进秀发生长并给暗沉秀发带来光泽。

材料
100g椰子油，放于小罐中
10滴薰衣草精油
8滴迷迭香精油
6滴天竺葵精油

做法
1. 将装椰子油的小罐置于装有热水的碗中（水只需放至罐子的一半高）。当椰子油溶化后，拿出小罐。在椰子油中加入香草精油并在其重新凝固前搅拌均匀，放置一旁待凉。

2. 使用时，在掌心抹上少量混合油并揉开，梳理秀发，集中按摩头皮处。用温热的毛巾包裹头部并保留30分钟。

3. 用洗发水洗净，在打湿头发前先涂抹洗发水更容易洗去护发油，然后冲洗干净。若有需要可重复清洗一次。

促生发油

 适合所有发质

制作量可供使用1次

　　浓稠的绿色牛油果油是用果肉压榨制成的，比用果核压榨的更好。它含有丰富的维生素、矿物质，以及大量的必需脂肪酸，因此格外滋润。此款促生发油中还加入了有滋补效用的迷迭香精油和罗勒精油，可促进秀发生长。

材料
2平匙牛油果油
2滴迷迭香精油
2滴罗勒精油

做法
1. 将牛油果油和精油混合后灌入瓶中，将小瓶放入热水中加热。

2. 将混合油涂抹于掌心，并用指腹划圈的手法按摩头皮。在头皮上保留30分钟，然后用洗发水洗净，在打湿头发前先涂洗发水更容易洗去精油。如有需要可重复清洗一次。于6个月内使用完毕。

罗勒(*Ocimum basilicum*) 在芳香疗法中被用于缓解大脑疲劳。

金盏花&香蕉发膜

 适合所有发质

制作量可供使用1次

　　香蕉富含钾元素和氨基酸，可用来滋养及顺滑干燥或受损发质。与具抗氧化作用的金盏花浸渍油、充满异域风情的依兰精油混合后，这种简单的滋养发膜对于控制头发毛躁及卷翘非常有效。

材料
1根成熟的香蕉
2平匙金盏花浸渍油
3滴依兰精油
少许柠檬汁，添加至洗发液中

做法
1. 用料理机将香蕉打成顺滑的糊状（能使其更容易清洗），然后与金盏花浸渍油和依兰精油混合。

2. 打湿头发，用毛巾吸去大部分的水分，让头发保持略微湿润，用梳子将香蕉泥梳于头发上并加以按摩。

3. 将头发用保鲜膜包住，并戴上浴帽（防止发膜变干），保留30分钟后，在普通洗发水中加入少许柠檬汁洗净秀发。

获取香草

接下来将介绍如何在花园或窗台种植功效香草，如何在野外寻找香草，如何购买最好的新鲜或干燥的香草来制作自己的香草制品。

规划你的香草花园

挑选并种植喜爱的香草品种是开启自建香草花园的第一步。选择能适应所在地区气候条件的香草品种，并花费一些时间来考虑用什么样的花盆来种植。还要留心选择的香草需要的光照时长，这决定了它们在花园中的位置。

善于利用空间 将花盆放置于朝南的墙边和遮蔽物的前方，能让它们晒到更多的太阳。

花盆

· 大部分的厨用香草都能盆栽。在各种各样的花盆中种植香草的优势在于能随意将它们移到花园中晒更多的太阳，或在某些季节里让它们蔽阴，也能在冬季将不耐寒的香草移入室内。

· 也可以在窗台栽种一些香草，而厨房的窗台可能是最方便的地方，便于在烹饪或装饰菜肴时取用。

· 要在底部有排水孔的大容器中种植香草。使用混入等量蛭石的细土来种植地中海香草。

· 盆栽香草需要经常浇水。通常来说，夏季需要每天浇水。

花园和菜地

· 如果你有一个蔬菜花园、花圃或化坛，可以在已生长的植株中间种上香草。栽种喜阳香草的位置一定要有足够的日光，而喜阴的香草则可以种在较高的装饰型植物周围。

· 一个规模较小、以日常使用为主的香草花园只需要1.5m×3.5m的空间即可。如果可能，尽量将香草花园的位置定于你随时可见的地方。

· 就算再小的花园也需要正式的规划。在碎石路、砖路或石板小径两边种植低矮的香草，例如百里香或洋甘菊。

· 开工前要在图纸上规划好你的梦想花园，然后标出种植区域。

· 添加棚架、藤架、拱门、柱子、喷泉和雕像，会更有花园气息。如果花园有坡度，台阶也可以成为设计的亮点。

共享空间 香草会让菜园看上去更美丽，更实用。

检测土壤

在种植香草之前可用这种简单的方法来测试土壤。最好的土壤是肥土（黏土和沙土比例恰当、肥沃的土壤）。黏土需要加入沙土和堆肥来增加孔隙。沙土中需要添加堆肥才会具有水分和营养。

1. 去除杂草、野草或植株，并用土锹挖起土块。在花园中的其他两处位置重复此工作。

2. 将土样混合均匀后，在手掌中挤捏土样，并用手指按压。若散开，就是肥土；若非常坚硬并含有沙粒，就是沙土；若黏成一团，就是黏土。

制作堆肥

在长、宽各1.5m，高90cm的堆肥桶中放入草梗、菜叶、未经烹饪的蔬菜厨余和枯死的植株（不能有病虫害）。不要加入任何杂草或草皮，以免混入杂草种子。

1. 将收集到的堆肥材料倒入堆肥箱中。保持堆积物湿润，用铁叉或铁铲每2周翻动1次，直到原料开始分解。

2. 在堆肥变成黑褐色，并分解成碎屑状，闻起来类似泥土味后，就可以开始使用了。

种植香草

从播种开始种植香草有很多好处。播种育苗会比从苗圃购买幼苗更便宜，并且播种繁殖的香草，在合适的季节里会形成强健的根球，便于移栽。但有些香草最好用其他方式繁殖（P334）。

播种

1. 用细土填满花盆，并轻轻压紧。将花盆浇透水后让其沥干。将种子放入土中或在表面撒播（根据种子包装袋上的说明来操作）。

2. 用蛭石或少许盆栽土轻轻覆盖种子。再次浇透水后，将育苗盆置于温暖处，防止土壤完全干透。

移苗

种子发芽后需要更多的空间来生长。因此，在幼苗长出4片或更多真叶后，移栽至更人的花盆中。

1. 将小苗从育苗盆中拔出时，捏住它们的真叶而不是茎，轻轻往上拉，同时用另一只手挤压花盆或育苗盆的底部。

2. 在装满土的花盆中央挖一个小洞，放入带根团的小苗，高度要稍低于周围的盆土。填入一些土壤，轻轻压实、浇水并放置于温暖、阳光可直射的地方。

移栽小植株

有时候全部自己播种不现实，特别是想要种植不同的植株，却没有足够的空间来播种时，或者某些品种很难通过播种繁殖时。花市里经常会有一些幼苗可供选择，苗圃中的品种更齐全。

换盆

如果买回家后想重新换盆，需要选择大一号的花盆。植株长大后，可能需要再次换盆。

1. 确保新花盆底部有排水孔。在底部放一把碎石及一半的堆肥，然后将植株从原先的花盆中移出。

2. 将其移入新花盆中，并用盆栽土填满空隙处，稍稍压紧。将盆栽完全浇透。

定植于花园中

从苗圃中购买的小苗应足够大到可直接定植于花园中。尽快种植可让其尽早长出新的根系。

1. 翻挖15~30cm深度的土壤，直至土质变松。挖出一个与原先花盆类似深度的大洞，将植株放入其中。

2. 在植株周围填土，并用手掌压实。将植株周围的土壤完全浇透。

繁殖方法

当香草成活后，便可以开始通过各种繁殖方法来增加它们的数量以防其无法抵御寒冷的冬季等意外情况的发生。

扦插法

春季在小植株上截取嫩茎，或夏末从成熟的枝条上截取半成熟的枝条，也可以在生长季节结束之前从木质茎上截取硬质茎秆。

1. 选取没有花苞但长满叶片的健康枝条，倾斜剪下并去除底部的叶片。

2. 在离最下方叶片约5cm处切下茎节。种植于盆土中，并浇透水。用干净的塑料袋包裹以保持湿润。

分株法

可以用半成熟或成熟的根系来繁殖新的植株，例如薄荷就能在严冬或冬末休眠时进行分株繁殖。

1. 挖出植株并将根系分开。剪下5cm的根段，避免误伤细根及未成熟的根系。

2. 保留剪下的根系上从植株根部笔直生长的部分及盘在花盆底部的部分。垂直种于盆土中，用蛭石覆盖。

浇水和施肥

　　盆栽香草和露地栽种的香草有不同的栽培要求。查看种子包装袋后的说明或咨询当地的园艺中心或苗圃，了解选择的植物是否有特殊要求。

浇水

露地：你很难同时照顾到露地栽培的不同植物对水分的需求，但它们通常都能习惯并共享整片湿润且排水良好的土壤。在土壤中拌入足够的堆肥有助于保持湿润。当土壤表面约5cm深处开始变干，则可开始浇水。如果使用自动浇灌设备或大水管，需在早上进行，这样叶片上的水分就能在阳光下蒸发掉。

盆栽：盆栽香草应比露地栽种的香草浇水更频繁，因为它们的根系无法自行延伸至湿润区域。在非常暖和的天气或炎热的夏季，需要每天浇水。可购买自动浇灌系统，把它们装入每一个花盆中，定时自动浇灌。也可以购买储水颗粒，埋入土壤中，浇水后能自动吸水保存，干燥时可自动释放水分。

及早浇水 尽量在早上给香草浇水，可避免夜间植株挂水滴而产生霉菌。

施肥

露地：地栽的植株不需要过多施肥，因为它们的根系会自动延伸去寻找所需的营养。可像冬季铺覆盖物一样，在土壤表面铺上一层堆肥，然后在春季翻入泥土中来增加营养。香草需要在生长季节经常采摘，但这也会消耗营养，因此可在仲夏时追肥。

盆栽：在理想情况下，盆栽植物生长季每6周可施加颗粒或液态的有机肥，特别是在经常采摘的情况下更需补充养分。春季植物新生时要进行追肥，并挖去5cm深的表层土壤，用新鲜土壤替代。夏末可停止追肥。

充分施肥 生长季节每6周给盆栽香草施一次肥。

杂草和病虫害

　　野草会和植株争抢水分、阳光、营养和空间，打败它们的关键是在你看到时就马上拔除。种植香草的一个好处是它们带有芳香精油，自身能抵御害虫的侵袭，因此香草花园中的其他植物也可以得到非常好的保护。

拔除 这是消灭所有已开始生长的野草最有效的方法。

与杂草战斗

　　春天，一旦野草开始出现在土面时，就需要徒手拔除它们，或用工具把它们从土中撬出。为了防止野草丛生，应在它们开始结子前去除并确保尽可能连根拔除，特别是多年生野草。经常检查土壤，以防任何野草新生，如果见到就立即消灭。

　　如果想要在栽种前清除大片土地中的所有野草，可尝试暴晒：将一大片土壤翻松，浇透水，然后用一块干净的塑料薄膜覆盖整块区域，四周密封，防止任何空气流通。在未来的6~8周，阳光会导致薄膜内部温度升高并产生水蒸气，能杀死植株和种子。之后，去除塑料薄膜并立即栽种香草。

害虫

毛虫类：带上手套，徒手去除并处理。可在周围种植开花香草，诱导寄生蜂前来捕食，或用500ml水浸泡去皮的大蒜来喷洒受感染的植株（需在使用前过滤液体）。

蛞蝓和蜗牛：放置装满啤酒的浅碗来诱捕它们，或在夜晚它们开始活动时徒手抓捕。也可使用无毒药丸或在容器外部粘上铜质胶带（右图），当它们爬过时，会遭受轻微的电击，可有效驱赶。

蚜虫类：规模庞大，包括白粉虱、红蜘蛛等。蚜虫类会减慢植株的生长。可用急流水冲洗植株或使用有机的生物肥皂来喷洒叶片消灭它们。

葡萄象甲：在夜晚爬出并啃噬叶缘和根茎。它们很难通过生物防治，可以在土壤中放入线虫来消灭它们。

短促、有力的电击 在花盆或其他容器的边缘粘上一圈铜质胶带，可击退蛞蝓和蜗牛。

防治病害

　　大部分的香草都不易得病，不需要特别的照料和维护，但有时还是会受到病害侵袭。一旦感病，要快速处理以防大范围传播。可选择种植抵抗力强的品种，并采取良好的栽培技术，还要保持花园的卫生。不要在潮湿的花园里劳作，这样可能会无意识地传播疾病。经常检查植株，摘去受感染的叶片，而不要让它们自然掉落。小心销毁任何受到感染的植株部分——最好烧毁它们。

细菌

　　如果细菌通过伤口侵入植株，可在感染部位用自制的有机药剂喷洒。药剂的制作方法是将12个大蒜瓣榨汁后兑1.2L的水来稀释。过滤后装入喷壶中，按需喷洒。如果植株几天内情况没有改变，则切下受感染的部分并销毁。确保将使用过的修剪工具进行消毒。

有机喷雾 可以方便地制作自己的喷雾，并用来治疗任何细菌引起的植物疾病。

真菌

　　尽管真菌很少光顾香草，但一些香草，如薄荷在温暖、潮湿的环境下很容易得锈病和白粉病。用碱液喷洒可控制真菌感染，并使用有机方法控制真菌疾病。

病毒

　　花叶病毒会导致叶片上出现白色、黄色或浅绿色斑点。环斑病毒会导致叶片上出现灰白色、黄色的环状斑点。其他病毒会导致卷叶现象。它们不会产生严重的伤害，但还是要去除被感染的植株并销毁。

白粉病 一种在香草叶片上出现的白色真菌。

卷叶 这是病毒侵袭的标志，多通过虫害或受感染的工具传播。

野外采摘

在野外可采摘到各种各样的香草品种。野生香草富含更多活性成分，因为它们大多生长在喜欢的环境中。

采摘植株 在生长季节，不要采集，否则会影响植株再次生长。

可持续性

有些普通的香草品种，例如荨麻或车前草，可以从野外采集。但许多珍稀品种因已遭受过度采摘而面临巨大的生存压力。因此许多国家规定挖掘野生植物的根茎属违法行为，并立法保护。

一些国家和地区有野外采摘香草的习惯。而野生植物的贩卖行为受到IUCN（国际自然保护联盟）所编写的CITES的管制。任何被记录在《IUCN红色名录》中的濒危动植物都不允许采集。

因此千万不要从野外采收珍贵植物，除非它们在本地数量非常富足。不要在某一区域大片采集，只采集供应急使用的数量，并且不能在野生环境下采集树皮以免伤害到树木。

安全

必须要能正确识别野生植物。有些植株看起来非常像有用的香草，但其实是一种毒草。例如伞形科植物中包括有益的当归、积雪草，但也包括一些有毒植物如毒芹。随身携带标有清晰指示图的野外生存指南，如果不非常确定绝不要冒险。

无论在乡村或城市，都要避免采摘马路边生长的植物，因为会附着大量的尘土或其他污染物。同样的，避免采摘生长在城市大树下的植物，它们通常都沾满狗尿。

还有同样重要的是，要检查荒地是否存在有毒垃圾，若心存疑虑则要询问当地人。不要采摘靠近工厂或其他明显靠近污染源的香草植株。注意检查附近是否有喷洒除草剂或农药的警示标牌。

觅食浆果 在野外采集食物前要先仔细确认品种。

野外的植物 荨麻是可在公园或荒地野生的植物之一。

去哪里寻找

在城市里，很多香草可在荒地、郊区或大型公园里随意找到。城市菜园的边界或废弃的铁轨旁也是能找到未受污染香草的好地方。避免在马路旁采集，但如果只在春季采摘嫩枝，避免采收成熟枝条和根茎的话，可以最大限度地避免受到污染。

我们中的大部分人都居住在城市，在住家附近采集香草，可减少碳排放量，是非常环保的行为。关于植物在城市中是否遭受污染，也是如今一个争论的焦点。

在乡村，最好的采集场所是林地和有机农场的树篱边，但不要在未经许可的情况下私自进入农场采集。

如果你对一片区域是否适合进行采摘心存疑虑，可咨询当地的野生动植物机构。

何时采收

香草会在夜晚生产挥发油，因此最佳的采收时间是在清晨露水蒸发时。在较干燥的日子采集叶片，这样它们可保持最好的状态并不容易发霉。在植株的生长高峰期采摘可确保它们含有高度浓缩的活性成分。

除了本书中列出的植物以外，其他香草大多可在春季或初夏采集叶片，在开花时采摘花朵，在成熟时采摘果实和浆果。

从植株上采集种子的方法是，切下带着整个花序的茎节，风干。而后摇晃风干的花序将干燥的种子收集到种子袋里。

大部分浆果成熟的标记是可轻易从植株上扯下。也可剪下完整的茎节，把整串的浆果带回自家厨房。

采集种子 将花序保留在植株上，轻轻摇晃，用手盛接掉落的种子。

购买和储藏香草

有时候，完全靠自己栽种香草并不现实，例如，一些香草并不适应你所在地区的气候条件，或者你有时需要非应季的香草。因此，直接购买新鲜或干燥的香草是比自种更方便的选择。

选择最好的植株

不要购买长势孱弱或感病的植株，例如叶片发黄或发霉。健康的植株都应有翠绿、强健的茎节和叶片。敲击花盆边缘后脱盆查看根茎——它们应该健康且分支较多，但并不互相争抢空间。仔细检查每棵植株上是否有存活的昆虫，因为你肯定不想带回一个潜在的大麻烦。

植株应该有强健的茎节。

叶片应该有正常、健康的颜色。

检查根系是否有虫害威胁，并查看是否已生根满盆。土壤应湿润且没有野草。

盆栽香草在购买前要检查每棵植株的叶片、茎节和根系。

根系

强健的叶片和茎节并不完全意味着植物健康。有时候问题会在土壤中出现。根系是植物的营养和水分的输送源，因此它们的健康非常重要。

1. 健康的植株应该很容易从花盆中提起，根系数量庞大，但并不过度拥挤，且能看到土壤。

2. 若你购买了一棵不那么健康的植株，在移栽前应剪去过细和过度拥挤的根系，并去除所有的根象甲。

新鲜香草

如果某种香草很难种植，那么更便捷的方法就是购买新鲜香草。你居住的地区可能对香草来说不是理想的生长环境，因此香草的生长季节一过，或你需要的香草数量超过种植的量时，难免需要通过其他方式来获得。大部分的超市都开始在水果和蔬菜货架旁销售各种新鲜香草，也可以从市场中找到欧芹或西洋菜等香草品种。记得要购买新鲜的香草，如果可能，最好购买有机栽种产品。

龙蒿、欧芹或薄荷等香草能通过插在清水中的方法来延长保存时间。许多香草，例如罗勒或马约兰，可在新鲜时冷冻保存，但需要先洗净，用厨房纸巾吸干水分，然后用潮湿的纸巾松松包裹叶茎，存放在冰箱里。

大部分的香草在冷冻时还能保持它们的特性。切碎香草，用少量橄榄油或水拌匀，然后装入小冰袋或冰格中（右），最长可保存6个月。

保存新鲜香草 用少量水或油拌匀切碎的新鲜香草，并放于冰格内冷冻。

干燥香草

大多数香草被风干后仍能保持功效。这也意味着能在它们盛产时采摘并储存至短缺的季节。许多香草都是在一个季节里集中采收，然后留待生长一整年。大部分香草的功效性能可保持6~12个月，到期后没用完的应丢弃。

尽量选择有机植株上的叶片制作的干燥香草。不要选择被杀虫剂或化学肥料污染过的植株，以防对香草本身的有效成分产生影响。

尽量选择有品牌的干燥香草，特别是通过发展有机耕种，将对环境影响降至最低的可持续采收的产品。

将买来的干燥香草放入密封罐中，最好是玻璃材质，并存放在干燥、阴暗的橱柜里，以保存它们的特殊功效。

将干燥香草储藏在密封罐中 所有的干燥香草都应避开直射光保存，并在6~12个月内用完。

香草的基础使用法

浸液

浸液是一种让香草发挥功效的最好方式。一份标准的治疗浸液是用满满1平匙单一品种干燥香草或2平匙混合香草（新鲜香草需要加倍用量）和175ml开水混合制成，每种香草的准确剂量参见香草表（P12~136）。

材料
1平匙干燥香草或2平匙切碎的新鲜香草
175ml沸水

做法
1. 将切碎的香草放入杯中或茶壶中，倒入开水，浸没香草。
2. 静置10分钟，盖上杯盖或壶盖以防蒸气中的挥发油飘散。在使用前过滤浸液。

汤剂

使用植物的木质化部分，如根茎（除了缬草根外）、树皮和果核制作而成。1份标准的汤剂是用1平匙干燥香草或2平匙新鲜香草和175ml水混合，每种香草的准确剂量参见香草表。如果可能，使用不锈钢锅或珐琅铸铁锅，因为铝会污染汤剂。以下的配方可制作3杯汤剂。

材料
15g干燥香草或30g新鲜香草
750ml冷水

做法
1. 将切碎的香草放入小锅中，倒入750ml水。
2. 用盖子盖住小锅并煮沸，而后小火炖煮15~20分钟。
3. 过滤汤剂并分成3份。

浸渍油

"加热"法是最快速、最实用的制作浸渍油的方法。可调整如下配方的用量，来制作更多或更少的浸渍油，但制作时必须加入足够的油来覆盖切碎的香草。

材料
100g干燥香草或300g切碎的新鲜香草
500ml植物油，例如有机葵花子油或橄榄油

做法
1. 将切碎的香草放入耐热的碗中，并加入足够覆盖香草的油。
2. 将碗置于一锅沸水上，盖上锅盖，小火加热2小时。中途可能会需要添水。
3. 滤出残渣并重新加入香草，再加热1小时。
4. 滤出浸渍油并倒入已消毒的深色玻璃瓶中，在标签上标明名称和日期。
5. 如果使用新鲜香草，需要将浸渍油静置数小时，让香草中的水分沉至底部。将浮于上层的浸渍油倒入已消毒的瓶中，并丢弃沉在底部的水分。存放在凉爽处并于3个月内使用完毕。

酊剂

　　将香草用规定浓度的酒精提取或溶解而制成的液体制剂称为酊剂，酊剂可较好地发挥香草的药用效果。酒精扮演了防腐剂的角色，能让酊剂的保存期长达12个月。

　　同等体积下，酊剂的浓度比浸液、汤剂或浸渍油要大得多，因此只能少量使用。每种香草的准确剂量参见香草表（P12~136）。酊剂的浓度可能有变化（例如1：3或1：5），因此购买时要遵照瓶底的剂量说明。若无特别说明，在本书中列出的浓度大多为1：5。以下的配方中酊剂浓度为1：5。

材料

200g干燥香草（新鲜香草需要事先风干，以降低酊剂中的含水量）

1L 37.5%酒精度的伏特加

做法

1. 细细切碎香草，放于已消毒的罐中。

2. 倒入伏特加，将香草完全浸入酒中。

3. 罐口密封并在避光处存放2周，不时摇晃。

4. 用棉布过滤残渣，而后用咖啡滤纸再次过滤。

5. 倒入已消毒的深色玻璃瓶中。在标签上标明品种和日期，并存放于凉爽、阴暗处。

重要的安全信息

香草的安全性

　　需要谨慎对待香草和草本制剂。每种香草使用的注意事项参见香草表（P12~136）。须严格遵循使用方法、使用剂量和使用指导。

精油的安全性

　　精油含有高度浓缩的植物有效成分，通常需要在植物基础油中稀释后再使用。按摩油的常用稀释剂量是2%的精油兑98%的基础油。精油在加入洗澡水前必须要稀释，例如5滴精油兑15ml（1汤匙）的植物油或牛奶。在无医嘱情况下，任何精油都不能内服，2岁以下的儿童不能使用精油。某些精油，例如罗勒精油和鼠尾草精油，需要避免在妊娠期使用，在这阶段使用精油前需要咨询专业医师。

手工皂的安全性

　　制作手工皂需要精确称量所需材料，过程中充满潜在的危险。本书中的手工皂配方不适用于儿童。购买100%纯烧碱，并需要佩戴专业防护手套和护目镜。若第一次制作手工皂，因烧碱的碱性非常强，pH值相当高，需要好几周的时间才会下降，必须在测试pH值之后（pH试纸），待碱性降低才能使用。正常的pH值为10~10.5(工艺及材料不同可能会导致pH值更低，甚至接近中性），但这只是普通肥皂的正常值，对于敏感肌肤仍然有刺激性。

图书在版编目（CIP）数据

DK香草圣经 / （英）苏珊·柯蒂斯等著；张琳译. —武汉：湖北科学技术出版社,2018.9
ISBN 978-7-5352-9497-5

Ⅰ.①D… Ⅱ.①苏… ②张… Ⅲ.①香料植物—介绍 Ⅳ.①S573

中国版本图书馆CIP数据核字(2017)第170656号

Original Title: Neal's Yard Remedies
Copyright © 2011 Dorling Kindersley Limited
A Penguin Random House All rights reserved.
本书中文简体版权由DK公司授权湖北科学技术出版社独家出版发行。
未经许可，不得以任何方式复制或抄袭本书的任何部分。
湖北省版权著作权合同登记号：17-2018-046

责任编辑：张丽婷
封面设计：胡博
出版发行：湖北科学技术出版社
网址：www.hbstp.com.cn
地址：武汉市雄楚大道268号出版文化城B座13~14层
电话：（027）87679468
邮编：430070
印刷：鹤山雅图仕印刷有限公司
邮编：529738
开本：787×1092 1/16 21.5印张
版次：2018年9月第1版 2018年9月第1次印刷
定价：138.00元
本书如有质量问题可找承印厂更换

声明：

香草具有天然药用特性，须谨慎使用。本书并不是医学参考书，只是介绍了相关的信息。在尝试本书介绍的香草使用方法之前，建议先少量试用。若有严重疾病或长期症状，或者正在接受其他相关医学治疗，不要在无医嘱的情况下使用香草。儿童及妊娠期、哺乳期妇女使用香草前必须咨询有资质的专业医师。由于个体的实际情况千差万别，无论是作者、译者或是出版社都对本书中所有的香草配方、使用建议不负任何责任，相关使用所引发的风险由读者自行承担。